KB210864

Scotland

이창민 교수는 대표적인 도시 개발 및 도시 재생 연구자로, 한국부동산개발협회 최고경영자과정(ARP)과 차세대 디벨로퍼과정(ARPY)의 주임교수로 활동 중입니다. 30년 넘게 뉴욕, 런던, 파리 등 270여 개 도시의 개발 및 재생 사례를 면밀히 조사하며 도시 경제와 부동산 분야를 연구하고 있으며, 『스토리텔링을 통한 공간의 가치』(2020, 세종도서 교양부문 선정), 『도시의 얼굴』, 『사유하는 스위스』, 『해외인턴 어디까지 알고 있니』 등을 썼습니다. 또한 사단법인 공공협력원 재단의 원장으로서 지속가능한 지역 개발, 글로벌 인재 양성, 나눔 실천, 문화예술 발전에 기여하는 동시에 도시경제학 박사로서 유럽 도시문화공유연구소의 소장직을 맡아 세계 도시들의 문화 경제적 가치를 심도 있게 연구하고 있습니다.

 hh902087@gmail.com  https//travelhunter.co.kr  @chang.min.lee

도시의 얼굴 - 스코틀랜드

개정판 1쇄 발행 2024년 11월 15일

지은이 이창민
펴낸이 조정훈
펴낸곳 (주)위에스앤에스(We SNS Corp.)

진행 박지영, 백나혜
편집 상현숙
디자인 및 제작 아르떼203(안광욱, 강희구, 곽수진) (02) 323-4893

등록 제 2019-00227호(2019년 10월 18일)
주소 서울특별시 서초구 강남대로 373 위워크 강남점 11-111호
전화 (02) 777-1778
팩스 (02) 777-0131
이메일 ipcoll2014@daum.net

ISBN 979-11-978576-7-6
세트 979-11-978576-9-0

- 이미지 설명에 * 표시된 것은 위키피디아의 자료입니다.
- 소장자 및 저작권자를 확인하지 못한 이미지는 추후 정보를 확인하는 대로 적법한 절차를 밟겠습니다.
- 이 책에 대한 의견이나 잘못된 내용에 대한 수정 정보는 아래 이메일로 알려주십시오.
  E-mail: h902087@hanmail.net

도시의 얼굴

스코틀랜드

이창민 지음

(주)위에스앤에스
We SNS Corp.

《도시의 얼굴-스코틀랜드》를 펴내며

오늘날 해외 여행이나 출장은 인근 지역으로 떠나는 일과 다름없는 일상적인 경험이 되었습니다. 인공지능(AI), 크라우드, 빅데이터, 사물인터넷(IoT)과 같은 정보통신 기술의 급격한 발전 덕분에 우리는 온라인과 오프라인에서 세계 어느 도시든 손쉽게 만날 수 있는 시대를 살아가고 있습니다. 젊었을 때 열심히 저축하고 나이가 들어 은퇴한 후에야 해외 여행을 계획했던 이전 세대와는 달리, 지금의 세대는 더욱 적극적이고 다양한 형태의 여행을 즐기고 있습니다. 이러한 변화는 단순히 여행 방식의 변화를 넘어, 도시와 도시민을 바라보는 우리의 관점에도 큰 영향을 미치고 있습니다.

《도시의 얼굴-스코틀랜드》는 이러한 시대적 요구에 부응하여, 필자가 경험했고 기억하는 스코틀랜드의 도시들을 다각도로 조명하고 그 속에 숨겨진 깊은 이야기를 독자들에게 전달하고자 합니다. 필자는 지난 30여 년 동안 70여 개국 이상의 국가를 방문하며 270여 개의 도시를 경험해 왔으며, 그 과정에서 각 도시가 지닌 고유한 얼굴과 정체성을 깨닫게 되었습니다. 도시는 그곳의 역사, 문화, 경제, 그리고 사회적 배경에 따라 독특한 정체성을 형성하며, 이러한 다양성은 도시의 본질을 이루는 중요한 요소가 됩니다.

스코틀랜드는 신화와 자연이 어우러진 매력적인 지역으로, 위스키와 골프의 발상지로 잘 알려져 있습니다. 또한 영국과의 700년에 걸친 애증의 역사가 깃

들어 있으며, 이 저항의 역사는 스코틀랜드의 도시들에 깊이 새겨져 있습니다. 스코틀랜드의 수도 에든버러는 죽기 전에 꼭 가 봐야 할 축제가 열리는 역사와 문화의 중심지이며, 글래스고는 고전경제학의 아버지 애덤 스미스와 세계적인 건축가 찰스 레니 매킨토시를 배출한 도시입니다. 영화 〈브레이브 하트〉의 배경이 된 스털링, 골프의 발상지인 세인트 앤드루스, 그리고 웅장한 자연의 아름다움으로 유명한 스카이섬이 있는 하이랜드 지역 등은 스코틀랜드의 독특한 매력을 잘 보여 줍니다.

스코틀랜드의 역사는 5세기 아일랜드에서 건너온 스코트족이 이 지역을 '스코틀랜드'라 명명하며 시작되었습니다. 1296년, 잉글랜드의 침공으로 스코틀랜드는 1차 독립 전쟁을 겪었으며, 1707년에는 잉글랜드와의 합병을 통해 그레이트 브리튼 왕국이 성립되었습니다. 1970년대에는 북해 유전의 발견으로 경제적 전환점을 맞았으며, 2014년에는 독립을 주제로 한 국민 투표가 열렸으나 독립안은 부결되었습니다.

스코틀랜드는 단순한 지역이 아닙니다. 이곳은 과거와 현재, 그리고 미래가 공존하는 살아 있는 역사서입니다. 스코틀랜드의 도시들은 다양한 시대를 거치며, 그 속에 수많은 인류의 이야기를 품어 왔습니다. 에든버러와 글래스고의 건축물, 거리, 공원, 그리고 그 속에 사는 사람들은 모두 이 지역의 일부이며, 이들이 만들어 낸 이야기는 그 자체로 하나의 문명입니다.

우리는 어떤 도시가 사람들에게 매력을 느끼게 하는지에 대한 질문으로 돌아가 볼 필요가 있습니다. 무조건 새롭고 화려한 공간을 짓는 것보다는, 기존의 도시가 가진 오랜 역사와 공간에 쌓인 스토리를 체험하게 해 주고, 그곳에 사는 구성원 모두를 배려하여 모든 사람이 살기 좋은 도시야말로 사람들이 진정 가 보고 싶은 도시가 아닐까 싶습니다. 그리고 관광을 넘어서 사람들이 한번쯤 살아보고픈 도시, 그곳에서 꿈을 이루어 가고 싶은 도시가 매력적인 도시가 될 수 있다 생각합니다.

《도시의 얼굴 - 스코틀랜드》는 스코틀랜드의 주요 랜드마크와 명소들뿐만 아니라, 그 이면에 숨겨진 이야기를 탐구합니다. 에든버러성, 로열 마일, 스털링성과 같은 랜드마크들은 단순한 건축물이 아니라, 스코틀랜드의 역사와 현재, 그리고 미래를 잇는 중요한 연결 고리입니다. 이 책은 이러한 장소들이 어떻게 스코틀랜드의 정체성을 형성했는지, 그리고 앞으로 어떤 역할을 할 것인지를 조명합니다.

이 책이 단순히 스코틀랜드를 소개하는 데 그치지 않고, 이 지역이 어떻게 발전하고 변화하며, 또 어떤 도전에 직면하고 있는지를 이해하는 데 도움이 되기를 바랍니다. 필자는 책에 담긴 내용을 보다 현실감 있게 다루기 위해 현지 도

시에 직접 여러 차례 방문하고, 그곳에서 체험하며 책을 집필했습니다. 도시를 사랑하고, 여행을 즐기며, 도시의 역사와 문화를 공부하는 모든 이들에게 이 책이 작은 영감이 되기를 기대합니다.

마지막으로, 이 책이 세상에 나올 수 있도록 아낌없는 격려와 지원을 보내 주신 한국 부동산개발협회 창조도시부동산융합 최고경영자과정(ARP)과 차세대 디벨로퍼 과정(ARPY) 가족 여러분, 그리고 김원진 변호사님, 정호경 대표님 등 사회 공헌 가치에 공감하고 동참해 주시는 공공협력원 가족 여러분, 1년여 동안 책의 출판을 위해 도와주셨던 아르떼203 여러분, 그리고 저를 아껴 주시는 모든 분들께 감사의 말씀을 전합니다.

스코틀랜드라는 지역의 특별한 얼굴을 발견하고 그 안에 담긴 이야기를 깊이 있게 이해하는 여정이 되기를 바랍니다.

2024년 11월 이 창 민

목차

Scotland

글래스고

스털링

던디

세인트 앤드루스

하이랜드

애버딘

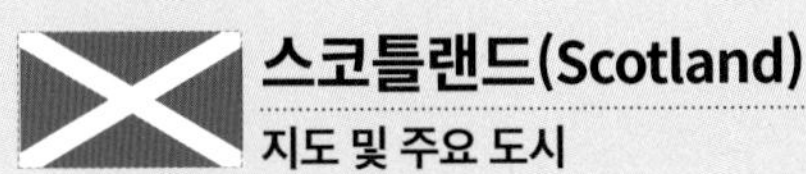

스코틀랜드(Scotland)

지도 및 주요 도시

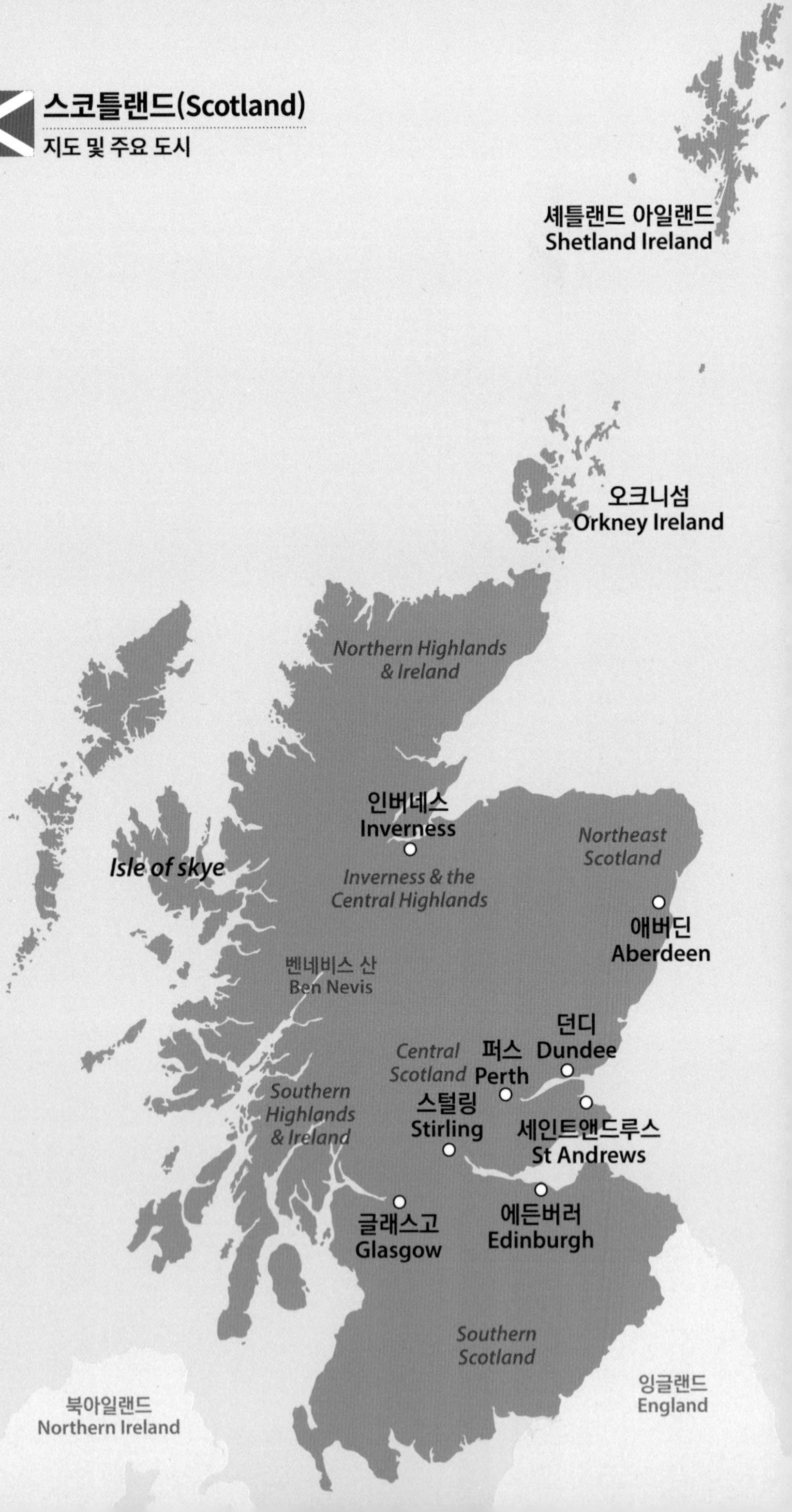

셰틀랜드 아일랜드
Shetland Ireland

오크니섬
Orkney Ireland

Northern Highlands & Ireland

인버네스
Inverness

Northeast Scotland

Isle of skye

Inverness & the Central Highlands

애버딘
Aberdeen

벤네비스 산
Ben Nevis

던디
Dundee

Central Scotland

퍼스
Perth

Southern Highlands & Ireland

스털링
Stirling

세인트앤드루스
St Andrews

글래스고
Glasgow

에든버러
Edinburgh

Southern Scotland

잉글랜드
England

북아일랜드
Northern Ireland

United Kingdom
스코틀랜드
Scotland
글래스고
에든버러
북아일랜드
Northern Ireland
벨파스트
맨체스터
리버풀
버밍엄
웨일스
Wales
잉글랜드
England
카디프
런던

1
스코틀랜드 개황

스코틀랜드

(Scotland), 땅을 통일한 스코트족(Scots)의 이름에서 유래

1. 스코틀랜드 개요

면적 - 7만 8,772km²(한반도의 3분의 1)

수도 - 에든버러(영국 내에서 두 번째, 유럽에서 여섯 번째로 큰 금융 도시)

인구 - 543만 9,842명(2022년)

민족 - 89% 스코틀랜드인, 7% 기타 영국인

기후 - 해양성 기후

공용어 - 영어, 스코틀랜드 게일어, 스코트어(스코틀랜드 게일어와 스코트어는 영어의 영향 및 잉글랜드의 탄압으로 사용 인구 줄어듦)

종교 - 장로교(Presbyterious Church)

GDP - 2,100억 달러(2022년)

(1인당 GDP) 4만 3,000달러(2022년)

행정구역 - 영국 연방의 네 구성국(스코틀랜드, 잉글랜드, 북아일랜드, 웨일스) 중 하나로 단일국가 산하의 자치정부

7만 8,772km²

543만 9,842명

2,100억 달러

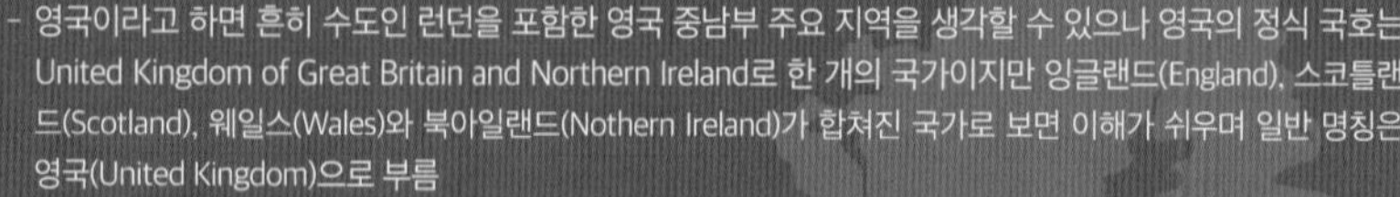

- 영국이라고 하면 흔히 수도인 런던을 포함한 영국 중남부 주요 지역을 생각할 수 있으나 영국의 정식 국호는 United Kingdom of Great Britain and Northern Ireland로 한 개의 국가이지만 잉글랜드(England), 스코틀랜드(Scotland), 웨일스(Wales)와 북아일랜드(Nothern Ireland)가 합쳐진 국가로 보면 이해가 쉬우며 일반 명칭은 영국(United Kingdom)으로 부름

※ 잉글랜드가 물리적인 전쟁 등에 의하여 합쳐진 국가이기 때문에 각 지역 국민들은 아직도 스코틀랜드와 같이 독립을 요구하고 있으며 역사적인 반감 정서도 있음. 축구와 같은 특정 스포츠 경기의 경우 4개 지역의 팀이 각각 국제대회에 출전함(예: 월드컵 축구)

2. 정치적 특징

정부 형태 - 단일국가 산하의 자치정부(내각제, 단원제)
국가 원수 - 찰스 3세 영국 국왕
행정 수반 - 훔자 유세프(Humza Yousaf)(2023.03. 취임)
임명 형태 - 스코틀랜드 의회 의원으로부터 선출된 후 국왕에게 지명
정당 구분 - 국민당(민족주의)

리시 수낵
총리*

스코틀랜드 국기

스코틀랜드 문양

- 스코틀랜드는 영국 북쪽의 3분의 1 면적을 차지하며 남쪽으로는 잉글랜드, 동쪽으로는 북해, 북쪽과 서쪽은 대서양, 남서쪽은 노스해협과 아일랜드해와 경계를 이루며 약 790개 이상의 섬으로 이루어짐
- 가장 아름다운 호수 및 경관으로 이루어진 하이랜드, 스카이섬 등 초록빛 자연 야생 비경과 함께 역사와 전설, 신화의 나라이자, 과거와 현재가 공존하며, 백파이프와 컬트의 나라, 위스키와 골프의 나라로 영국 국민들뿐만 아니라 전세계 국민들이 가장 가보고 싶어하는 나라 중의 하나임
- 1970년대 북해의 가스와 유전 발견으로 영국의 주요 자원국이 되면서 영국으로부터 분리독립을 계속 주장하고 있었으며 2014년 9월 18일 분리독립 주민 투표가 최초 실시되었으나 부결되었지만
- 2020년 영국의 브렉시트 후 분리독립에 대한 스코틀랜드의 주장은 계속 거세지고 있음

3. 스코틀랜드 약사(略史)

연도	역사 내용
5세기	얼스터에서 스코트(Scot)족이 아가일에 상륙, 달 리아타 왕국 건설. 아일랜드에서 건너온 스코트족이 Scotland라 명명하고 에든버러를 중심으로 거주
7세기	앵글로-색슨족이 고도딘족의 지역인 남부 스코틀랜드로 영토를 확장
759	바이킹이 침입하여 오크니 제도, 갤러웨이 등지 점령
843	달리아다 왕조(Dalriada)와 알라퍼 왕조(Alba)의 통합으로 스코틀랜드 왕국 탄생
1292	스코틀랜드의 명목상 독립을 포기하는 대가로 존 발리올이 왕으로 선포됨
1296	잉글랜드가 스코틀랜드를 침공, 1차 독립 전쟁 시작
1297	스털링 다리 전투(Battle of Stirling Bridge) 발발, 스코틀랜드 승리. 스코틀랜드 민중 영웅 윌리엄 월리스 장군 승리(영화 〈브레이브 하트〉의 배경)
1314	배넉번 전투에서 영국에 승리
1328	스코틀랜드의 독립을 보장하는 에든버러-노샘프턴 조약 체결되면서 전쟁 종결
1332	에드워드 발리올이 스코틀랜드 왕위를 주장하며 잉글랜드의 지원을 받아 스코틀랜드를 공격하면서 제2차 독립 전쟁 발발
1357	베릭 조약으로 제2차 독립 전쟁 종결
1396	유럽의 마지막 결투 재판인 클랜 전투가 국왕의 참관하에 열림
1496	스코틀랜드 최초의 교육법 의회 통과
1512	프랑스의 요청으로 잉글랜드 공격, 플로든 필드 전투에서 1만 명 이상이 전사하며 패배
1707	연합법에 의해 잉글랜드와 합병, 그레이트 브리튼 왕국 성립
18세기	뛰어난 과학적 성과를 이룩하면서 계몽주의 시작 (애덤 스미스, 데이비드 흄 배출)

1760	영국으로부터 산업혁명 시작 (왕족과 귀족 지배 체제가 무너지고, 신흥 부르주아 계급이 선거법 개정)

출처: 위키피디아

1919. 1	글래스고와 클라이드 뱅크를 중심으로 노동자 혁명- 레드 클라이드 사이드 운동 일어남

출처: 위키피디아

1970.10	북해유전 발견
1999	자치정부의 탄생 (1998년 스코틀랜드법 시행으로 스코틀랜드 의회가 부활하면서 외교권과 국방권을 제외한 국정 운영 권한을 영국 중앙정부로부터 이양받음)
2007	스코틀랜드 분리독립 내건 국민당(SNP) 집권
2012	스코틀랜드 분리독립 여부를 묻는 주민 투표 시행에 합의
2014.9.18	스코틀랜드 독립 찬반 국민 투표 실시, 독립 반대가 과반수 차지, 독립안 부결 (보수적인 스코틀랜드 국민들은 여전히 독립을 희망하고 있음)
2021	스코틀랜드 총선 결과 국민당 승리

3-1. 스코틀랜드 독립과 영국의 700년 애증의 역사

(1) 영국과 스코틀랜드

▣ 영국이라고 하면 흔히 수도인 런던을 포함한 영국 중남부 주요 지역을 생각할 수 있으나 영국의 정식 국호는 United Kingdom of Great Britain and Northern Ireland로 한 개의 국가이지만 잉글랜드(England), 스코틀랜드(Scotland), 웨일스(Wales)와 북아일랜드(Nothern Ireland)가 합쳐진 국가로 보면 이해가 쉬우며 일반 명칭은 영국(United Kingdom)으로 부름

※ 잉글랜드가 물리적인 전쟁 등에 의하여 합쳐진 국가이기 때문에 각 지역 국민들은 아직도 스코틀랜드와 같이 독립을 요구하고 있으며 역사적인 반감 정서도 있음. 축구와 같은 특정 스포츠 경기의 경우 4개 지역의 팀이 각각 국제대회에 출전함(예: 월드컵 축구)

▣ 스코틀랜드는 영국 북쪽의 3분의 1 면적을 차지하며 남쪽으로는 잉글랜드, 동쪽으로는 북해, 북쪽과 서쪽은 대서양, 남서쪽은 노스해협과 아일랜드해와 경계를 이루며 약 790개 이상의 섬으로 이루어짐

▣ 스코틀랜드 인구는 잉글랜드의 10분의 1 정도밖에 안 되지만 그들만의 전통을 고유한 정체성으로 확립함(골프와 스카치 위스키의 원조이자 민속악기인 백파이프, 특이한 타탄으로 만들어진 전통의상 킬트 등)

▣ 스코틀랜드는 가장 아름다운 호수 및 경관으로 이루어진 하이랜드, 스카이섬 등 초록빛 자연 야생 비경과 함께 역사와 전설, 신화의 나라이자, 과거와 현재가 공존하며, 백파이프와 킬트의 나라, 위스키와 골프의 나라로 영국 국민들뿐만 아니라 전세계 국민들이 가장 가 보고 싶어하는 나라 중의 하나임

▣ 1970년대 북해의 가스와 유전 발견으로 영국의 주요 자원국이 되면서 영국으로부터 분리독립을 계속 주장하고 있었으며 2014.9.18 분리독립 주민 투표가 최초 실시되었으나 부결되었지만 2020년 영국이 유럽 연합에서 탈퇴한 브렉시트 이후 분리독립에 대한 스코틀랜드의 주장은 계속 거세지고 있음

(2) 스코틀랜드 독립운동의 역사적 배경

▣ 스코틀랜드 지역이 영국으로부터 독립하여 독자적인 국가를 세우자는 운동

▣ 스코틀랜드와 잉글랜드는 조상의 인종과 핏줄부터 상이하여 스코틀랜드는 켈트족, 잉글랜드는 앵글로색슨족의 후손임

▣ 독자적인 왕실 체제를 가지고 있던 스코틀랜드에게 잉글랜드가 11세기 이후부터 직·간접적인 물리적 충돌과 간섭을 시작한 이후 양국의 물리적 충돌이 본격적으로 발생

▣ 11세기 후반 스코틀랜드가 잉글랜드의 정복왕 윌리엄의 군대에 패배한 후 양국 사이에 독립을 둘러싼 갈등이 계속되다가 1296년 잉글랜드의 에드워드 1세가 스코틀랜드 공격 이후 수십 년간 스코틀랜드는 잉글랜드의 에드워드 2세, 3세의 침입에 대항하여 싸움

▣ 1300년 스코틀랜드를 침공한 잉글랜드 에드워드 1세는 저항군을 이끌던 스코틀랜드의 독립영웅 윌리엄 월리스를 잔혹한 방식으로 처형함(영화 〈브레이브 하트〉)

▣ 1603년 엘리자베스 1세의 사망으로 잉글랜드 튜더 왕조의 혈통이 단절되면서 스코틀랜드 국왕 제임스 6세가 잉글랜드의 제임스 1세로 즉위함에 따라 잉글랜드-스코틀랜드-아일랜드 동군연합(同君聯合, Personal union)이 이루어지기는 했으나 법적으로 스코틀랜드는 스코틀랜드 왕국(Rìoghachd na h-Alba)이란 독립된 국가를 이루고 있었음

※ 동군연합: 서로 독립된 2개 이상의 국가가 동일한 군주를 모시는 정치 형태

▣ 스튜어트 왕조의 왕은 '잉글랜드 국왕'과 '스코틀랜드 국왕'을 겸임하던 형태였으나 1707년 1월 1일자로 연합법의 제정으로 '그레이트 브리튼 왕국'이란 이름의 연합왕국의 형태로 변경되면서 기존까지 동군연합으로 구성된 브리튼섬과 아일랜드에 있던 여러 왕국들은 '연합왕국 국왕'이란 하나의 군주 아래에서 구성된 각각의 지방이 됨

▣ 그러나 민족 구성으로나 역사적으로나 계속 반목해 왔던 잉글랜드와 스코틀랜드는 쉽게 동화되지 못했고 잉글랜드가 정치, 경제적으로 주도권을 가

지면서 피해 의식, 소외감과 역사적 민족적 자존심 문제로 끊임없이 보이지 않는 갈등 심화

▣ 2차 세계대전 종전 후 영국의 몰락으로 스코틀랜드 경제의 버팀목이었던 조선과 철강업, 광업 등의 영국 내 중공업이 쇠퇴했으며 마거릿 대처 수상이 국영기간산업의 민영화로 스코틀랜드 경제 피폐 심화됨

▣ 영국은 1999년부터 외교·국방을 제외하고 사법·보건·교육 등 내정에 관한 권한을 스코틀랜드 자치정부에 대폭 이양하면서 스코틀랜드 국민들을 위한 다양한 화합 정책을 실시했으나 북해 유전의 발견 등으로 스코틀랜드의 경제적 독립이 가시화되었고 강경한 스코틀랜드 독립파의 영국 내 분리독립 운동이 거세게 불기 시작

(3) 독립운동과 주민 투표

▣ 1970년대부터 분리독립을 주장해 왔던 스코틀랜드국민당(SNP)이 2007년 총선에서 총리를 배출하며 집권에 성공하여 스코틀랜드 분리독립 주민투표 법안을 시도했으나 의석 수가 전체 129석 중 47석에 불과하여 번번이 실패함(다수당이 노동당과 보수당임)

▣ 그러나 2011년 총선에서 SNP가 69석의 의석을 확보하면서 마침내 스코틀랜드 의회가 다수당이 되었는데 당시 보수당의 영국 정부가 스코틀랜드에 혹독한 긴축 정책을 요구

▣ 스코틀랜드는 중앙정부의 일방적인 재정 감축 요구에 반대, 독립을 주장했으며 SNP는 북해 유전(영국 전체 원유 매장량의 84% 보유 추정)을 보유한 스코틀랜드가 영국으로부터 독립할 것을 강하게 주장

▣ SNP는 분리독립을 위한 주민투표 요구에 2012년 10월에는 영국 중앙정부와도 합의, 2013년 6월, 마침내 주민투표 법안이 스코틀랜드 의회를 통과

• 에든버러에서 스코틀랜드 깃발을 든 주민들이 분리독립을 요구하며 거리 행진(2013년) 출처: news.chosun.com

▣ 2014년 9월 18일 분리독립 주민투표 실시(Should Scotland be an independent country?)

※ 독립 반대 55.3%, 찬성 44.7%로 부결

▣ 2016년 6월 브렉시트 국민투표에서 영국이 EU를 탈퇴하기로 하면서 SNP의 스코틀랜드 자치정부는 제2의 분리독립 주민투표 요구 중

※ 영국에서 2016년 브렉시트 국민투표 당시, 스코틀랜드와 북아일랜드는 EU 잔류 투표율이 높았고 잉글랜드와 웨일스는 EU 탈퇴 투표율이 더 높았음

(4) 향후 전망

▣ 700년간의 스코틀랜드와 영국간의 애증 관계는 겉으로는 보이지 않으나 한국과 일본과의 관계처럼 예측할 수 없는 뇌관이 될 수 있을 것으로 사료되며 독립이 되더라도 국제적 신생국 지위 승인, 화폐, 경제적 영향, 북해 유전 투자 감소, 외국인 투자 감소 등의 불확실한 요소들이 많아 금명간은 어려울 것으로 전망

4. 지리적 특징

▣ 전체 면적은 7만 8,387km^3(섬 3%), 스코틀랜드는 3개 지역으로 구분

- 어퍼 롤랜드(The Upper Lowlands)

  영국·스코틀랜드 국경의 바로 북쪽에 위치한 지역으로 농업 지역이고 아름다운 구릉과 푸른 초목 지역

- 센트럴 롤랜드(The Central Lowlands)

  가장 산업적이고 도시적이며 인구가 많은 지역으로 에든버러와 글래스고의 대도시들을 포함함

- 하이랜드 앤드 아일랜드(The Highlands & Islands)

  스코틀랜드의 약 50%를 차지하고 있으며 가장 야성적이고 아름다운 풍경 지역으로 아름다운 산, 호수 및 초원으로 구성되어 있으며 거의 800개에 이르는 섬 중 사람이 거주하는 섬은 130개에 불과하며, 가장 북쪽의 셰틀랜드 섬은 지리적으로 노르웨이 오슬로 지역에 더 가까워 스코틀랜드보다는 문화적으로 노르웨이와 유사함

- 스코틀랜드와 잉글랜드의 국경 길이는 110마일, 스코틀랜드 내륙에는 6,000마일 해안선
- 애버딘, 던디, 에든버러, 글래스고, 인버네스, 스털링 등 6개 도시만 공식 인정
- 스코틀랜드에서 가장 높은 산은 벤 네비스(Ben Nevis)로 1,345m이며 잉글랜드나 웨일스에서 볼 수 없는 900m 이상 높은 산들이 900여 개임
- 기온은 북대서양 저기압의 영향을 받아 온난하지만 바람이 심하게 부는 외에 기상 변화가 없으며 영상 32도 이상 영하 0도 이하로 내려가지는 않음

5. 스코틀랜드 행정구역

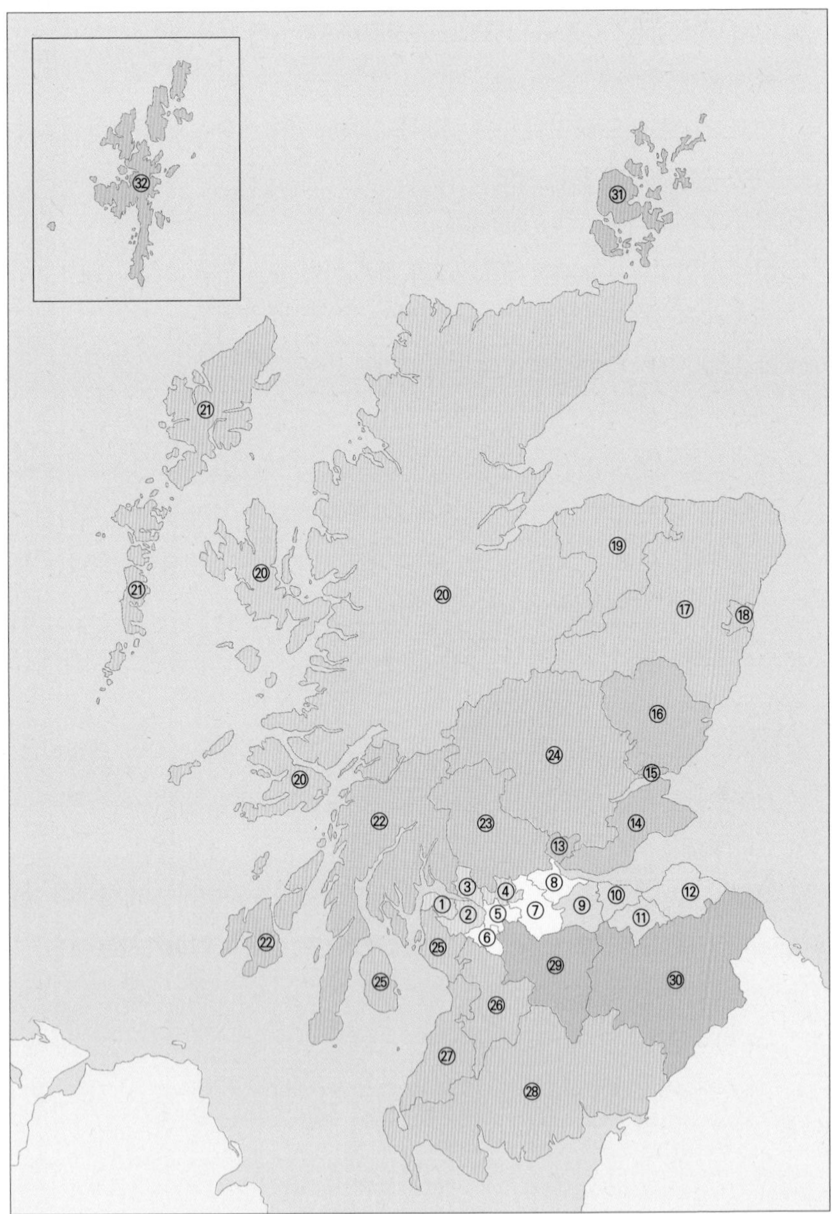
32
31
21
19
20
21
20
17
18
16
24
15
20
22
23
14
13
8
3
4
10
12
1
2
5
7
9
11
6
25
22
29
25
30
26
27
28

구분	행정구역	구분	행정구역
1	인버클라이드(Inverclyde)	17	애버딘셔(Aberdeenshire)
2	렌프루셔(Renfrewshire)	18	애버딘(Aberdeen)
3	웨스트던바턴셔(West Dunbartonshire)	19	머리(Moray)
4	이스트던바턴셔(East Dunbartonshire)	20	하이랜드(Highland)
5	글래스고(Glasgow)	21	아우터헤브리디스(Na h-Eileanan Siar)
6	이스트렌프루셔(East Renfrewshire)	22	아가일 뷰트(Argyll and Bute)
7	노스래너크셔(North Lanarkshire)	23	퍼스 킨로스(Perth and Kinross)
8	폴커크(Falkirk)	24	스털링(Stirling)
9	웨스트로디언(West Lothian)	25	노스에어셔(North Ayrshire)
10	에든버러(Edinburgh)	26	이스트에어셔(East Ayrshire)
11	미들로디언(Midlothian)	27	사우스에어셔(South Ayrshire)
12	이스트로디언(East Lothian)	28	덤프리스 갤러웨이 (Dumfries and Galloway)
13	클라크매넌셔(Clackmannanshire)	29	사우스래너크셔(South Lanarkshire)
14	파이프(Fife)	30	스코티시보더스(Scottish Borders)
15	던디(Dundee)	31	오크니 제도(Orkney Islands)
16	앵거스(Angus)	32	세틀랜드 제도(Shetland Islands

▣ 스코틀랜드의 행정구역은 1996년 4월에 신설된 32개 행정구역으로 구성되어 있으며, 각 행정구역에 의회가 설치되어 있음. 의회는 각 단일 자치제를 관할함(총 129명의 의회 의원들로 구성됨, 스코틀랜드 국민당(SNP)이 집권함)

▣ 스코틀랜드 주요 도시

- 글래스고, 에든버러, 애버딘, 던디, 인버네스, 스털링 등 6개 도시

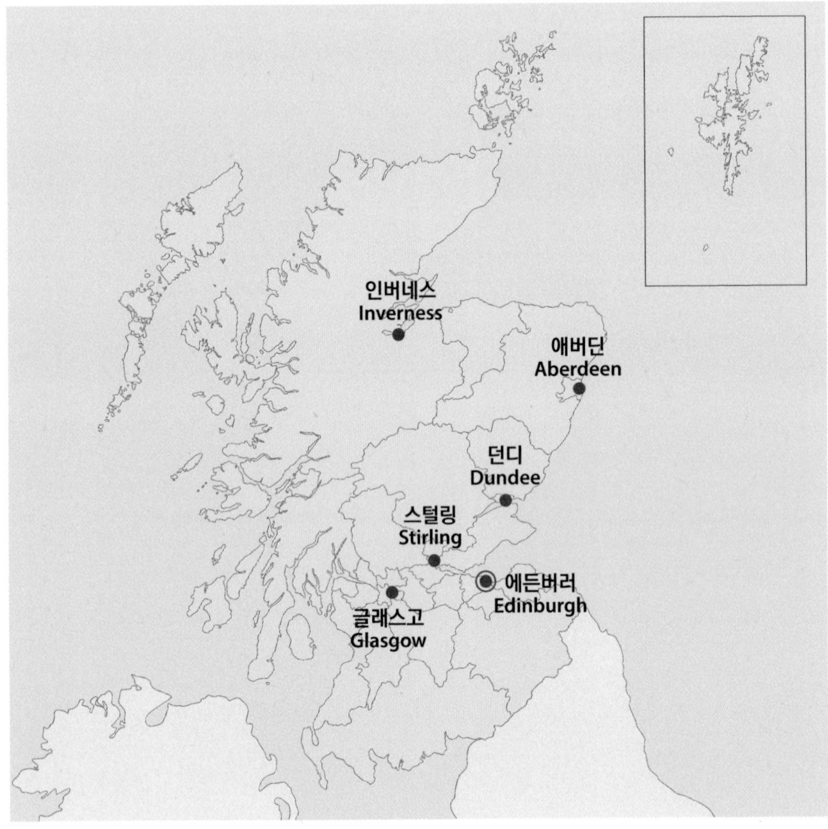

출처: yourfreetemplates.com

구분	도시명	면적(km^2)	인구(명)
1	글래스고	175.5	621,000
2	에든버러	264.0	541,300
3	애버딘	186.0	228,800
4	던디	60.0	148,210
5	인버네스	21.0	46,870
6	스털링	16.7	45,750

6. 경제적 특징

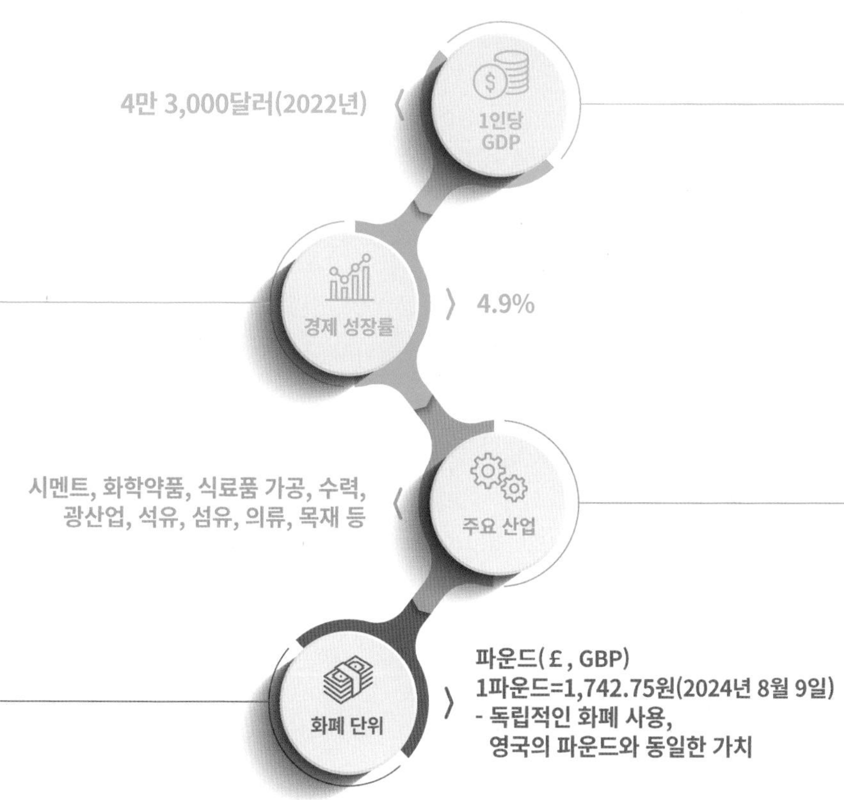

• 자료: "Quarterly National Accounts Scotland, 2018 Quarter 1(29 August 2018). Scottish Government

▣ 19세기 산업혁명 이후 유럽 산업 강국 중의 하나였던 스코틀랜드 경제는 조선, 탄광, 철강 산업 등 중공업에 집중되었으나 20세기 후반에 중공업이 쇠퇴하여 기술과 서비스 부문으로 전환

- 1980년대에 글래스고와 에든버러 사이에 반도체 회사 등 대형 IT 회사들이 스코틀랜드로 이전, 실리콘 글렌(Silicon Glen) 형성, 정보 시스템, 전자, 계기, 반도체 분야 산업이 빠르게 성장함

※ 실리콘 글렌: 스코틀랜드의 수도 에든버러에서 공업 도시 글래스고에 이르는 일대를 가리키는 말로, 글렌은 영어의 vally에 해당하는 스코틀랜드어

▣ 다른 주요 산업으로는 은행 및 금융 서비스, 건설, 교육, 오락, 생명공학, 운송장비, 석유 및 가스, 위스키, 관광 산업이 발달

- 북해 유전에서 생산된 석유가 애버딘을 중심으로 유통 및 수출되며 석유를 이용한 중화학 공업이 발달
- 농업으로는 밀과 보리를 많이 생산하고, 이를 이용한 위스키 양조 산업이 유명
- 넓은 연근해 어장을 바탕으로 어업 발달
- 하이랜드 고원의 초지에서 양을 방목하며, 양털로 만든 모직물 공업 성행

(1) 농수산 분야

▣ 75% 지역이 농업 부문의 토지로 농업으로 밀과 보리를 많이 생산하며 넓은 목초지가 형성되어 양모 산업, 양고기, 소고기 등 가축업이 발달함

- 스코틀랜드 전체 면적의 15%가 산림 지역으로 펄프 및 종이를 생산함
- 어업은 애버딘과 말라이그가 중요한 어시장으로 청어, 게, 바닷가재, 대구가 주요 수산물이며 내륙 연안에는 연어, 송어와 같은 민물고기가 풍부함

(2) 제조업

① 위스키 산업

▣ 스코틀랜드의 위스키 산업은 세계적으로 최고의 명성을 자랑하는데 천연적으로 깨끗한 물과 우수한 보리 등의 지형적 혜택이 큼. 위스키 공장만 128개

에 달하며 2018년에 5,250억 달러의 수출(영국 세관 자료)을 기록하고 있음. 위스키 공장은 대부분 스코틀랜드 북동쪽 지역에 위치하고 있으며 글래스고는 대표적인 위스키 브랜드 병 제작의 중심지임

② 섬유류

▣ 역사적으로 스코틀랜드의 수출 무역은 동물의 가죽과 털실을 기반으로 함

- 현대에는 니트와 트위드라는 두꺼운 모직 천이 전통적인 코티지 산업이며 1815년 창립된 세계적인 캐시미어 니트 전문 패션 브랜드 프링글 오브 스코틀랜드(Pringle of Scotland)를 포함한 니트와 의류 회사들이 섬유 산업 수출을 주도하고 있음

(3) 금융 서비스

▣ 더 로열 뱅크 오브 스코틀랜드(The Royal Bank of Scotland, 1727년 설립), 더 뱅크 오브 스코틀랜드(The Bank of Scotland, 1695년 설립), 스코티시 위도우즈(Scottish Widows) 보험사 같은 대형 금융 기관들이 에든버러와 글래스고 등 대도시에 위치하며 9만 5,000명이 금융 서비스 분야에 종사함

▣ 영국은행이 영국 정부의 중앙은행으로 남아 있기는 하지만 스코틀랜드 왕립 은행 등에서 스코틀랜드 화폐를 자체적으로 발행하고 있음

(4) 자연 자원과 에너지

▣ 스코틀랜드는 농업에 적합한 비옥한 토지부터 원유와 가스까지 풍부한 천연자원을 보유하며 석탄, 아연, 철 그리고 석유 셰일을 생산

▣ 북대서양과 북해의 대규모 지역으로 구성된 스코틀랜드 해역은 유럽 연합에서 가장 큰 원유 자원 지역으로 스코틀랜드는 EU의 최대 석유 생산국임

- 영국은 1970년까지 원유를 전적으로 수입에 의존해 왔으나 1969년 몬트로즈 오일필드(Montrose Oilfield)가 북해에서 발견된 이후 60여 개 이상의 오일필드에서 원유가 생산되면서 영국의 주요 핵심 자원이 되었음

- 석유 관련 산업 종사자는 약 10만 명 규모

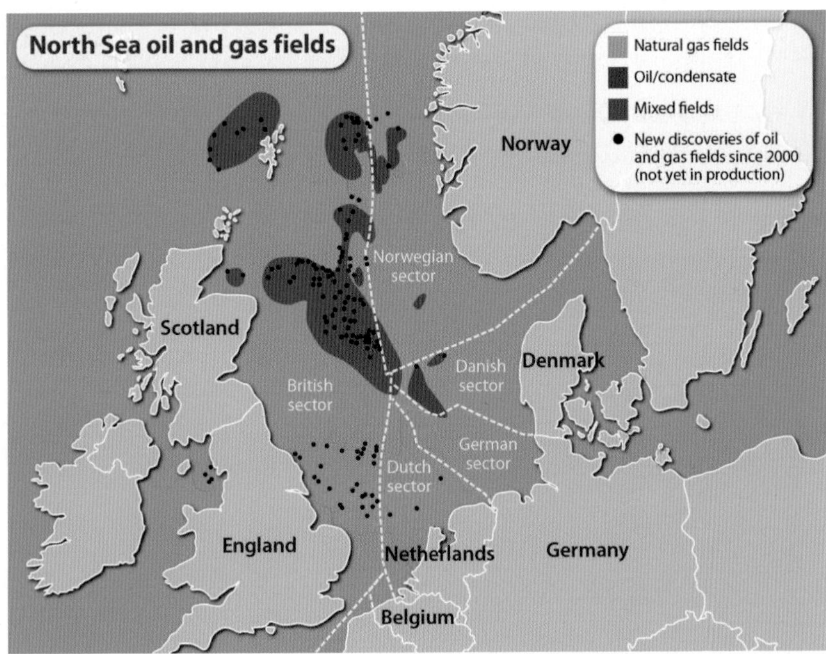

• 북해 석유 및 가스 지도

출처: https://www.crystolenergy.com

▣ 원유 발견과 더불어 1970년대 스코틀랜드의 천연가스 발견은 영국 경제 발전에 큰 기여를 했으며 주요 가스 필드는 북해의 프리그(Frigg) 가스 필드임

▣ 2020년까지 총 연간 전력 소비의 100%를 신재생 에너지를 통해 공급하는 것을 목표로 두며 2030년까지 스코틀랜드 난방, 교통 및 전기 부문의 총 연간 에너지 소비 중 신재생 에너지 비율을 50% 목표로 할 예정(에너지 전략계획서, 2017.12.) 2050년에는 거의 완전한 탄소배출 없는 에너지 시스템 구축을 목표로 함

- 저탄소 및 신재생 에너지 부문 일자리는 5만 8,000명 규모이며 가장 큰 부문은 육상풍력 발전, 두 번째로 태양광 발전(Solar PV), 세 번째로 열펌프(Heat pumps)이며 스코틀랜드 신재생 에너지 생산에서 가장 큰 기여를 하는 에너지원은 풍력 및 수력임

▣ 풍력 에너지는 스코틀랜드에서 가장 빠르게 성장하는 신재생 에너지 원으

로 2015년 풍력 에너지 생산량인 1만 4,136GWh를 2006년 생산량과 비교하면 약 7배임

- 현재 세계 최대 규모 해상풍력 단지 7개를 보유, 명실공히 해상풍력 개발 선도 국가

▣ 에너지 분야의 스코틀랜드 경제 효과

VALUE OF THE ENERGY SECTOR TO THE SCOTTISH ECONOMY

Oil and Gas[32]

Scotland is estimated to be the **largest oil producer** and second largest gas producer in the EU on an internationally comparable basis.

2000+

2000+ companies supporting circa 115,000 Scottish oil and gas supply chain jobs in 2017.

£17.5bn

Oil and gas production estimated to be worth £17.5 billion to the Scottish economy in 2016/17.

£8bn

£8 billion of capital investment committed to oil and gas production from beneath Scottish waters in 2016/17.

Renewables & Low Carbon Technologies[33]

58,500

An estimated 58,500 jobs supported by Scotland's low carbon and renewable energy sector and supply chain in 2015.

£10.5bn

The Scottish low carbon and renewable energy sector and supply chain **generated a turnover of £10.5 billion** in 2015, accounting for 13.5% of the total UK turnover in this sector.

£910m

£910million was invested in Scottish renewable generation assets in 2015.

£224.5m

Scotland's low carbon and renewable energy sector **generated £224.5 million of exports** in 2015.

출처: Scottish Engery Strategy, 2017.12

(5) 전자·기술

① 전자 공학

▣ 실리콘 글렌은 스코틀랜드의 첨단 및 전자 산업의 성장과 발전을 기술하기 위해 사용되었던 용어로 미국 실리콘 밸리와 유사함

▣ IBM, HP, Sun Microsystems(현재 오라클 소유) 등이 대표적 전자 관련 회사로 4만 5,000명이 전자 관련업에 종사

② 소프트웨어

▣ 에든버러, 글래스고, 던디 등 주요 도시 중심으로 약 4만 226명이 종사하고 있으며 에든버러 대학과 산학 연계 소프트웨어 개발 연구가 활성화됨

(6) 관광 산업

▣ 스코틀랜드 국내총생산(GDP)의 5%를 차지, 푸른 초원, 오염되지 않은 시골, 산, 평화로운 호숫가, 유서 깊은 역사 유적지, 성 등 볼거리가 있는 잘 발달된 관광지로 연간 1,500만 명이 방문

(7) 수출입

① 수출

▣ 영국 국세청 자료에 근거 2023년 스코틀랜드의 상품 수출은 총 344억 달러

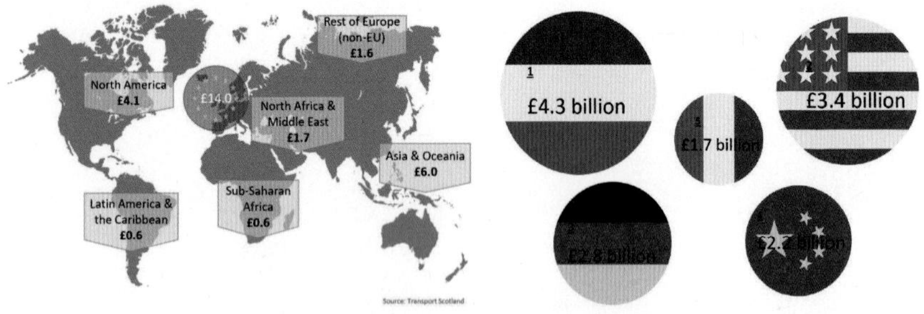

출처: www.transport.gov.scot

주요 5대 수출국	주요 5대 수출 품목
(1) 네덜란드(89억 달러)	(1) 석유 및 가스(127억 달러)
(2) 미국(74억 달러)	(2) 위스키(81억 달러)
(3) 독일(34억 달러)	(3) 기계 및 장비(64억 달러)
(4) 프랑스(30억 달러)	(4) 화학제품(51억 달러)
(5) 중국(22억 달러)	(5) 식품 및 음료(19억 달러)

② 수입

■ 2023년 수입 총액은 416억 달러

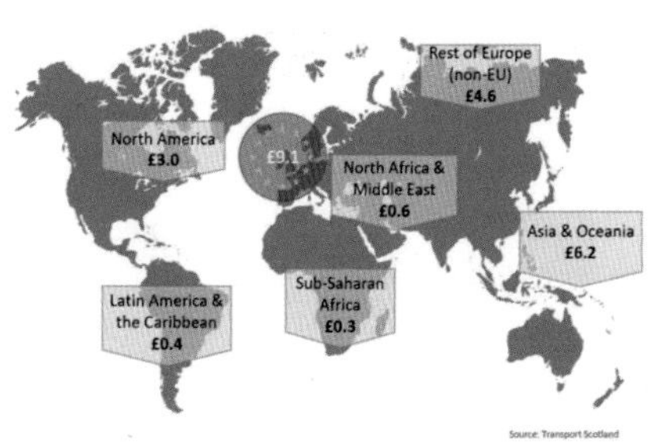

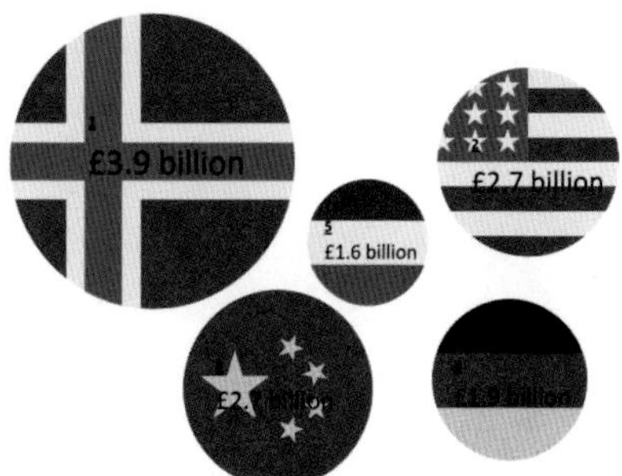

출처: www.transport.gov.scot

주요 5대 수입국	주요 5대 수입 품목
(1) 노르웨이(113억 달러)	(1) 기계 및 기계 장비(83억 달러)
(2) 미국(41억 달러)	(2) 자동차 및 부품(70억 달러)
(3) 네덜란드(37억 달러)	(3) 석유 제품(57억 달러)
(4) 독일(27억 달러)	(4) 의약품 및 의료 장비(44억 달러)
(5) 중국(25억 달러)	(5) 전기 기계 및 장비(38억 달러)

7. 숫자로 보는 스코틀랜드

SCOTLAND IN NUMBERS

MILLION PEOPLE*

16% OF THE POPULATION AGED UNDER

(850,000*)

*SOURCE: 2011 CENSUS
**SOURCE: TIMES HIGHER EDUCATION UNIVERSITY RANKINGS

83%*

OF THE SCOTTISH POPULATION FEEL THEY HAVE A SCOTTISH NATIONAL IDENTITY

20%*

OF THE POPULATION SHARE THEIR SCOTTISH CONNECTION WITH ANOTHER IDENTITY

SCOTLAND HAS FIVE UNIVERSITIES IN THE WORLD'S TOP 200**

INCLUDING ST ANDREWS THE THIRD OLDEST UNIVERSITY IN THE ENGLISH-SPEAKING WORLD

IF SCOTLAND BECAME INDEPENDENT NOW

54TH

MEMBER OF THE COMMONWEALTH

194TH

INDEPENDENT COUNTRY TO JOIN THE UN

29TH

MEMBER OF THE EU

출처: www.itv.com

2
에든버러

1. 에든버러 개황

1) 개요

면적	264km^2
인구	50만 6,520명(2022년 기준)
위치 (영국의 북서쪽)	
기후	해류와 편서풍의 영향으로 기후가 온화하여 월 평균기온 겨울 4°C, 여름 14°C
시장	로버트 올드리지(Robert Aldridge)
GDP	388억 1,000만 달러(2022년)
1인당 GDP	7만 4,190달러(2022년)

▣ 에든버러 시내 지도

출처: 위키피디아

▣ 에든버러 시내 중심 지도

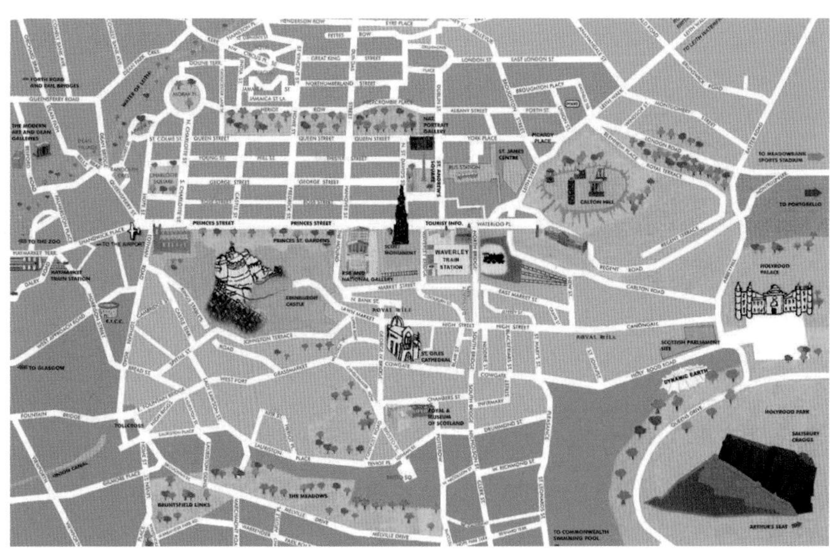

출처: www.orangesmile.com

▣ 올드 타운(Old Town)과 뉴 타운(New Town)

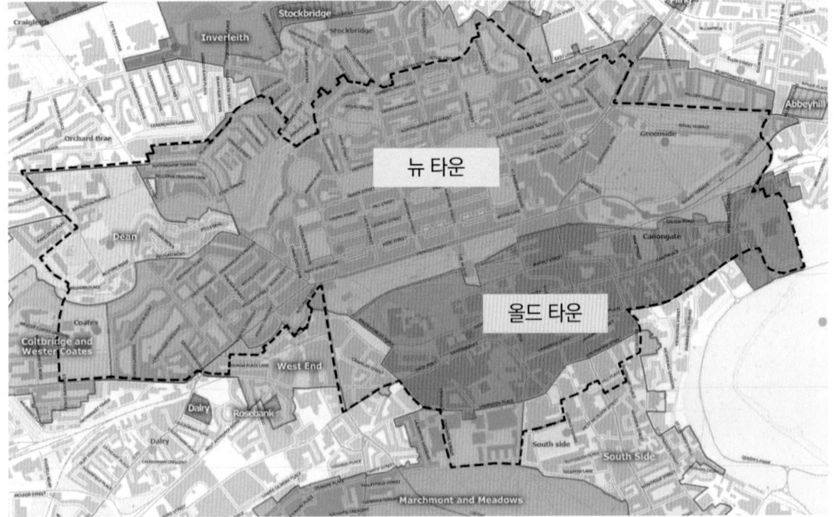

출처: Planning Committee 2017.12.11

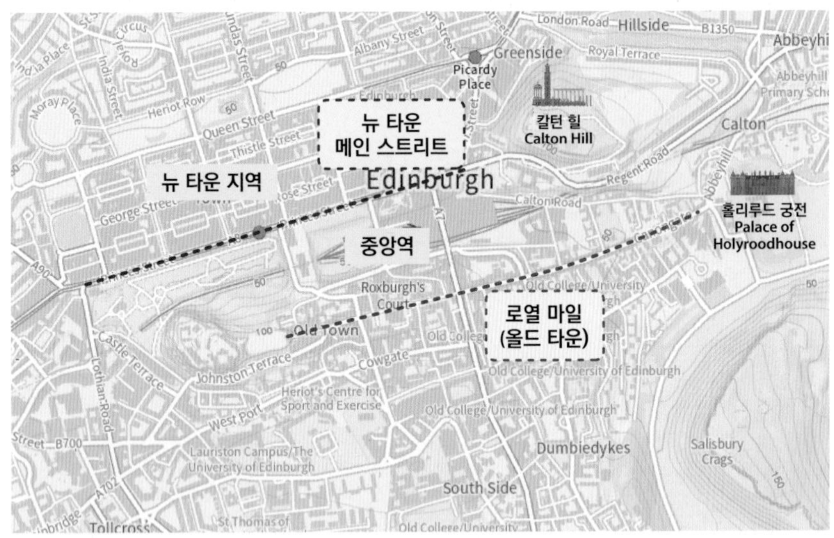

▣ 약사

연도	역사 내용
7세기경	잉글랜드가 도시 인근을 점령, 에이든-버르(Eiden-burh)에 요새 구축
10세기	스코틀랜드가 도시 탈환
11세기	에든버러성 축조
1128년	스코틀랜드의 데이비드 1세가 도시에 홀리루드 궁을 건축, 수도원으로 활용
1513~1560	도시의 남쪽에 잉글랜드를 방어하기 위한 성벽 축조
1547	잉글랜드의 침공과 약탈
1571	잉글랜드 내전 기간에 다시 한 번 공성전 치름
1583	에든버러 대학교 설립
1585~1645	여러 차례 흑사병이 번져 많은 희생자 발생
1707	연합법에 의해 스코틀랜드와 잉글랜드가 상호 합의하에 합병, 그레이트 브리튼 왕국 탄생
1805	에든버러성 아래 계곡 건너편에 신도시 구역 건설, 아일랜드 대기근 이후 많은 아일랜드인 이주
1842	에든버러 철도 연결
1895	에든버러 거리에 최초로 전기 가로등 설치
1903	도시의 명물 꽃시계 건설
1945	의회의 교외 이전 완공
1947	신·구 도시의 역사 유적지를 바탕으로 축제 기획 (2차 세계대전으로 암울해진 시민 정서 극복과 지역에 활력을 불어넣기 위한 목적)
1999	스코틀랜드 의회가 해산된 지 292년 만에 다시 구성
2004	스코틀랜드 의회 완공
2012	- 에든버러 공항과 시내를 연결하는 트램 건설 프로젝트 시작
2022	- 로버트 올드리지(Robert Aldridge)가 로드 프로보스트로 당선

▣ 주요 특징

- 스코틀랜드의 수도이며 글래스고 다음으로 큰 도시
- 1437년 스코틀랜드의 수도가 된 이후 스코틀랜드의 문화, 정치, 교육, 관광의 중심지 역할

- 18세기 스코틀랜드를 유럽의 상업, 지식, 산업, 문학, 교육의 중심지로 만들고 스코틀랜드 계몽주의가 시작된 곳으로 역사적 의미를 지님
  ※ 수백 년 동안 중세와 근대의 건축 유산이 과거 모습을 그대로 유지해 온 까닭에 근대의 아테네라 불리며 1995년 도시 전체가 유네스코 세계문화유산으로 지정됨

- 영국에서 런던 다음으로 많은 관광객을 유치하며 해마다 1,300만 명이 찾는 관광도시
- 세계 3대 축제의 하나인 에든버러 축제가 매년 8월 초부터 4주간 개최됨
- 영어권에서 여섯 번째로 오래되고 스코틀랜드에서 네 번째로 세워진 에든버러 대학교가 시내 중심에 위치
- 에든버러 대학교를 중심으로 애덤 스미스(Adam Smith), 데이비드 흄(David Hume)을 비롯한 많은 계몽주의 사상가들이 활약했던 도시로 '북방의 아테네(Athens of North)'라는 별칭이 있음(에든버러 올드 타운이 언덕 위에 마치 고대 그리스 폴리스처럼 지어짐)
- 칼뱅주의 종교개혁자 존 녹스(John Knox)를 중심으로 한 스코틀랜드 종교개혁의 중심지로 신교의 교파 중 하나인 장로회(Presbyterian church)의 탄생지

▣ 문화 및 예술

- 세계 3대 축제의 하나인 에든버러 축제(Edinburgh Festival)가 매년 8월 초부터 4주간 개최되는데 대표적인 축제로 에든버러 프린지 페스티벌(세계에서 가장 큰 행위예술 페스티벌), 에든버러 국제 페스티벌, 에든버러 밀리터리 타투, 에든버러 국제 영화제 등이 있음
- 영국의 안과 의사이자 소설가인 아서 코난 도일(Arthur Conan Doyle)은 로열 마일에서 추리소설 셜록 홈즈를 구상했고 독일 낭만파 음악가인 멘델스존(Mendelssohn)은 홀리루드 하우스 궁전에서 벌어진 메리 여왕과 그녀의 비서인 데이비드 리치오의 비극적인 사랑 이야기를 토대로 교향곡 3번 스코틀랜드를 작곡함
- 조앤 롤링(Joan K. Rowling)은 세계적 베스트셀러인 《해리 포터》 1편을 에든버러성이 보이는 엘리펀트 하우스 카페에서 완성함

- 계몽주의 철학가 데이비드 흄, 《지킬 박사와 하이드》, 《보물섬》의 작가 로버트 루이스 스티븐슨(Robert Louis Stevenson), 올드 랭 사인을 작사한 스코틀랜드의 국민시인 로버트 번스(Robert Burns), 역사소설 《롭 로이(Rob Roy)》, 《아이반호(Ivanhoe)》 등을 저술한 낭만주의 소설가인 월터 스콧(Walter Scott) 등 유명 작가를 배출함

▣ 경제 현황

- 영국의 도시 중 런던 다음으로 경제력이 강하며 인구의 43% 이상이 대졸 이상의 전문직
- 국제 경쟁력 센터에 따르면 영국에서 가장 경쟁력 있는 대도시
- 영국의 주요 도시 중 1인당 GVA(총 부가가치)가 두 번째로 높으며 평균 1인당 3만 9,300파운드(2016년), 2017년 1인당 GDP가 3만 700파운드로 런던에 이어 2위를 차지, 영국의 주요 도시들 중 거주자 1인당 평균 총 가처분소득이 가장 높음
- 《파이낸셜 타임스》(2012~2013년)에서 유럽 최고의 외국인 직접 전략투자 도시로 선정됨
- 금융 서비스·과학 연구·고등 교육·관광에 기반을 둠
- 출판·인쇄·제지·위스키 양조·모방(毛紡)·유리기구 등과 조선·선박·수리·기계·식료품 등의 업종이 주력
- GTA 게임 시리즈의 제작사인 락스타 노스 본사가 위치함

① 금융업

- 지난 300년간 금융업이 융성했던 도시로 현재 영국 제2의 금융업 거점이며 유럽에서는 4번째로 큰 규모
- 영국 5대 은행 중 로이즈(Lloyds) 그룹(2008년 로이드에 편입된 더 뱅크 오브 스코틀랜드 포함)과 더 로열 뱅크 오브 스코틀랜드 그룹의 본사 위치
- 스탠더드 라이프(Standard Life)와 스코티시 위도즈(Scottish Widows) 본사 위치
- 중소규모 은행인 세인즈베리 뱅크, 테스코 뱅크, 버진 머니, TSB 뱅크 본사 위치

② 관광업

- 도시 경제에 16억 파운드(약 2조 원) 가치의 3만 개 일자리 지원
- 매년 에든버러 페스티벌이 열리는 8월 한 달에만 약 450만 명의 관광객, 약 1억 파운드(약 1,500억 원) 수입이 발생
- 런던과 글래스고를 제치고 영국에서 가장 인기 있는 회의 장소로 꼽히며 비즈니스 및 컨퍼런스 등의 마이스(MICE) 관광으로 7,400만 파운드(약 1,000억 원)가 넘는 수익 창출

※ 마이스 관광: 회의(Meetings), 인센티브 여행(Incentives), 컨벤션(Conventions), 전시회(Exhibitions) 등 비즈니스 목적으로 열리는 다양한 행사와 관련된 관광 활동

2) 도시 개요

(1) 도시 개발 개요

▣ 에든버러는 로마인과 앵글로색슨족이 브리튼섬에 오기 전까지 잉글랜드 전역과 웨일스, 현 스코틀랜드의 로우랜드에 퍼져 살던 켈트족의 일파인 브리튼족(Briton)이 거주하던 곳

▣ 브리튼인을 격파한 잉글랜드 북부에 7세기 앵글로 색슨인들이 세운 노섬브리아 왕국의 에드윈 왕이 바위 위에 딘 에이든(Din Eidyn, 에이딘 요새)이라는 요새를 만들었고 이것이 에든버러라는 명칭의 어원이 됨

※ 'Eidyn'이 중세 영어로 요새를 뜻하는 burgh와 합쳐서 에든버러(Edinburgh)가 됨

▣ 브리튼섬 북부에 살던 픽트족과 브리튼족, 게일족, 바이킹 일부가 스코트족에 흡수되면서 스코틀랜드라는 정체성이 생기고 10세기가 되어 스코틀랜드 왕국의 영토가 됨

▣ 스코틀랜드 왕실은 고대 켈트계 왕국이었던 달 리아타(Dál Riata)의 신화적 인물인 퍼거스 왕이 초대 왕으로 추대되었다는 전승에 따라 즉위식을 치르는 장소였던 스콘(Scone) 말고는 수도라 할 수 있는 고정된 행정 중심지가 없었음. 그러다 스코틀랜드 독립 전쟁 이후 14~15세기 잉글랜드와의 국경 전쟁을 통해 양국 간 국경 확립 과정에서 남부 영지의 통치권을 확실하게 세우기 위해 스튜어트 왕조 시절 에든버러로 수도를 정함

▣ 1583년 에든버러 대학이 설립되어 학문 중심의 도시로 성장했으며, 16세기의 종교개혁 와중 스코틀랜드 장로회의 중심지 중 하나로서 장로회 창립자인 존 녹스가 설교했던 세인트 자일스 대성당(St. Giles Cathedral), 종교개혁 이후 처음 지어진 스코틀랜드 교회 건물 중 하나이며 1638년 언약도 선언이 있었던 그레이프라이어스 교회 및 공동묘지 등 장로교인이라면 성지 순례할 만한 역사적 유산이 많음

※ 언약도 선언: 제임스 6세, 찰스 1세 등 스코틀랜드 왕들은 왕권신수설처럼 왕이 국가뿐만 아니라 교회까지 다스려야 된다고 했고 이에 분노한 장로인들이 하나님과 스코틀랜드 민족 공동체가 혼인 서약을 하는 영광스러운 날이라고 선언한 날

▣ 18세기가 되면서 에든버러 올드 타운(Old Town, 구시가지)의 위생 문제와 지나친 인구로 인해 상류층을 중심으로 신도시 개발을 추진할 당시 영국은 하노버 왕가의 통치하에 있었고 일명 조지아 스타일이라 불리는 건축 양식이 유행했는데 이 분위기에 맞춰 에든버러 올드 타운 북부에 뉴 타운(New Town, 신시가지)을 조성하게 됨. 이 시기에 중세 시대부터 유지되던 에든버러 성벽은 해체되고 도시가 확장되었으며 뉴 타운과 올드 타운 사이에 있던 호수(Nor Loch)도 메워지고 철도역과 공원, 미술관이 들어서게 됨

▣ 에든버러 올드 타운은 프린세스 스트리트의 남쪽에 자리 잡고 있는데 1437년 수도가 퍼스로부에서 옮겨올 당시 지어진 시가지로 자갈이 깔린 좁은 골목길임

▣ 18세기 중기 조지 왕조 시대 만들어진 화려한 신시가지(뉴 타운)는 주택지 및 상업 지구로 프린세스 스트리트 북쪽에서 해안까지 포함됨

(2) 도시 개발 계획

▣ 지속가능하고 번영하는 도시 지역 개발 계획을 수립

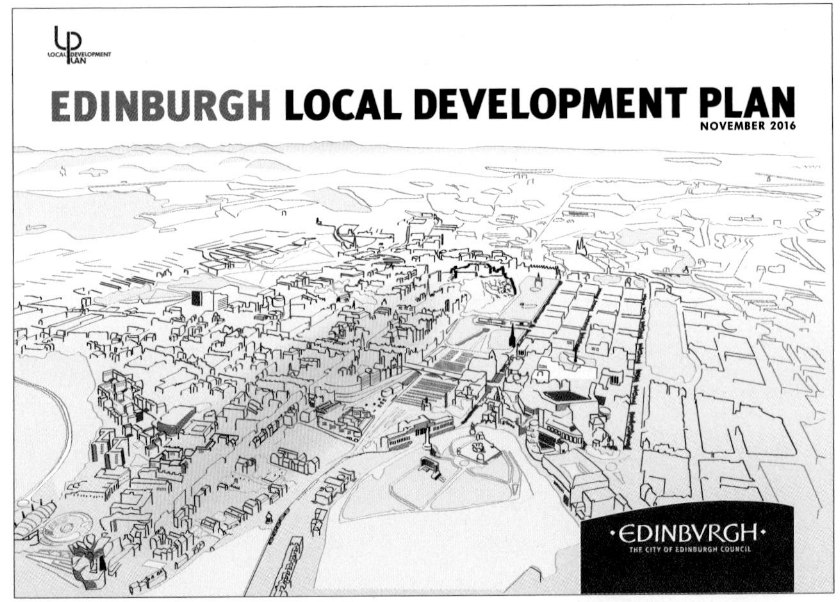

출처: Edinburgh Local Development Plan

▣ 주요 정책 내용

- 도시 개발 전략
- 새로운 개발을 위한 설계 원칙
- 환경 보호
- 고용 및 경제 개발
- 주택 및 커뮤니티 시설
- 쇼핑 및 여가
- 교통 및 운송
- 자원 및 서비스

▣ 2032년까지 살기 좋고 일하기 좋은 세계적 도시로 성장 계획 수립

2. 도시 재생

1) 도시 재생 사례

(1) 에든버러 관리 계획

▣ 2017년 4월, 유네스코의 에든버러 올드 앤드 뉴 타운 관리 계획(Old and New Towns of Edinburgh Unesco)이 세워짐(World Heritage Site Management Plan 2017~2022)

▣ 중세 올드 타운인 구시가지와 조지 왕조 시절의 신시가지인 뉴 타운의 건축물, 유적지의 유지와 보존에 대한 구체적인 관리 방안을 수립

▣ 에든버러성을 포함한 4,500개가 넘는 건축 및 유적지들에 대한 보존과 체계적인 관리 방안을 수립하여 안전하고 가치 있고 지속가능한 친환경적인 세계적인 도시로 성장할 것을 목적으로 함

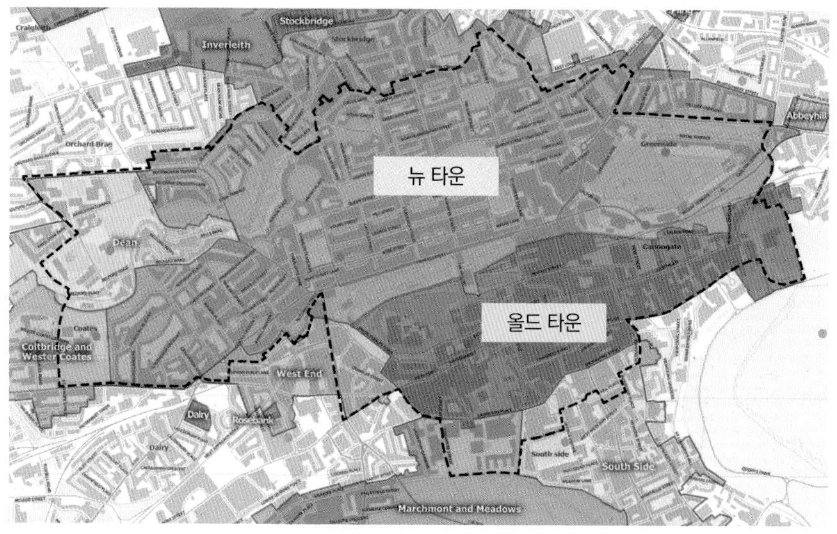

출처: Planning Committee 2017.12.11

• 에든버러 도시개발 개황 출처: Old and New Towns of Edinburgh World Heritage Site Management Plan 2017-2022

(2) 유니언 운하 재생 프로젝트

■ 유니언 운하(The Union Canal)는 에든버러와 글래스고 연합 운하로, 폴커크에서 에든버러로 이어지는 스코틀랜드의 운하로, 광물, 특히 석탄 운반을 위해 1822년 개통

▣ 1842년에 개통된 에든버러와 글래스고 철도 건설로 운하의 수송 매체 기능은 약화되어 상업적 운송 기능은 1933년에 폐쇄되었고 1965년에는 완전히 폐쇄됨

▣ 밀레니엄 링크(Millennium Link) 결과로 운하에 대한 관심이 부활되었고 2001년에 다시 개통되었음. 2002년 포스(Forth) 운하와 클라이드(Clyde) 운하가 폴커크 휠(the Falkirk Wheel) 리프트 방식에 의거해 다시 개통되고 현재 레저용으로 사용됨

▣ 유니언 운하는 길이 16km로 단순한 역사적 유산이 아니라 중요한 야생동물 서식지, 걷기와 조깅을 위한 수로, 자전거 도로, 새로운 레저용 운하 개발 및 지역 사회 사용에 초점을 맞추어 관리됨

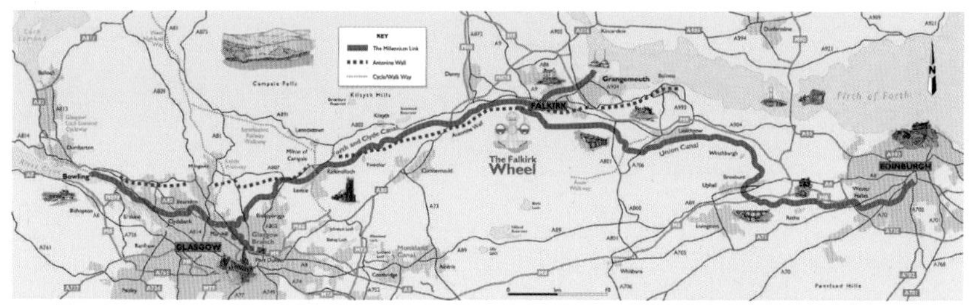

• 유니언 운하 프로젝트 지도 출처: The Edinburgh Union Canal Strategy

(3) 로열 마일 재생

▣ 로열 마일(Royal Mile)은 스코틀랜드에서 가장 상징적인 거리 중 하나로 이곳의 공간들은 역사적인 에든버러 이야기의 중심이자 세계문화유산의 필수적인 부분인 올드 타운 주요 도로와 심장부를 형성하는 중요한 거리임

▣ 동쪽 끝 홀리루드 하우스 궁전과 서쪽 끝 에든버러성 두 개의 랜드마크 사이에 매우 다양한 건물들이 있는데 이곳이 스코틀랜드 상류층 거리, 권력의 핵심 세력들이 살았던 로열 마일임

▣ 과거의 화려했던 역사 중심지를 유지하고 수많은 사람들이 방문하고 싶은 세계 최고의 문화 생활 거리를 만들기 위한 전략적 필요성이 증대하자, 2011년 주민들과 함께하는 로열마일 위원회를 구성함. 2012년 4월 로열 마

일 코디네이터가 임명되었고 커뮤니티 주도의 로열 마일 헌장은 이 액션 플랜과 병행하여 실행됨

▣ 6개 구역에 대한 도로 포장, 교통 여건 개선 및 경관 보강

• 로열 마일 액션 플랜 출처: Royal Mile Action Plan

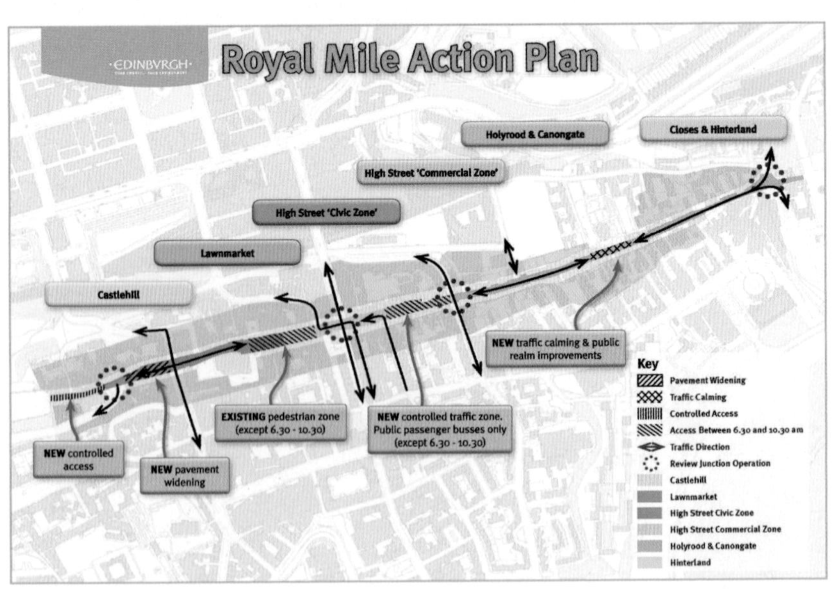

• 로열 마일 액션 플랜 개발 지도 출처: Royal Mile Action Plan

(4) 그랜턴(Granton) 가스 발전소 수변 재생

▣ 2018년 에든버러시는 수변 재생을 위하여 그랜턴 가스 발전소를 매입함. 이것은 포괄적이고 지속가능한 주택, 학교, 의료 센터, 소매, 서비스, 창조적이고 사업적인 공간, 그리고 더 나은 공공 공간을 제공하기 위한 수변 복합 개발을 목적으로 함

▣ 향후 10년에서 15년 동안 에든버러를 살고, 배우고, 일하고, 방문할 수 있는 최고의 지역으로 재생하겠다는 목표를 세움

• 가스 발전소 수변 재생 출처: consultationhub.edinburgh.gov.uk

(5) 파운틴브리지 양조장 지역 서민주택 및 복합공간 재생

▣ 파운틴브리지(Fountainbridge) 지역은 에든버러 동쪽에 위치한 과거 양조장을 재생하여 신규 주택, 학교 및 상가로 개발함(2019~2025년)

- 113개의 사회공공주택을 포함한 총 436가구의 신규 주택
- 사무실 공간
- 상가
- 고등학교 등

• 파운틴브리지 양조장 지역 출처: www.7narchitects.com

(6) 메도뱅크 경기장 재생

- 메도뱅크(Meadowbank) 경기장은 다목적 스포츠 시설로, 경기장과 주변 땅을 재생하는 프로젝트. 원래 1970년 영연방 게임을 개최하기 위해 건축되었으며 축구, 럭비 등 다양한 경기가 개최되었으나 주거 및 새로운 복합 개발을 위해 경기장을 폐쇄함
- 2019년 초 경기장은 철거되었고 육상 트랙, 다목적 체육관, 피트니스 스위트, 실내 풋살 경기장, 축구장, 사이클링 트랙 등 복합 스포츠 상업 시설로 2021년 완공함

• 메도뱅크 경기장 출처: news.stv.tv/east-central

3. 에든버러 축제

1) 프로젝트 개요

▣ 역사적 도시를 공연 예술 축제 도시로 승화시켜 지역 경제 활성화를 주도한 사례

▣ 에든버러 축제는 에든버러에서 매년 8월에 3주간 열리는 여러 문화·예술·축제의 총칭으로 에든버러 국제 페스티벌(Edinburgh International Festival), 에든버러 페스티벌 프린지(Edinburgh Festival Fringe), 로열 에든버러 밀리터리 타투(Royal Edinburgh Military Tattoo), 에든버러 아트 페스티벌(Edinburgh Art Festival), 에든버러 국제 도서 페스티벌(Edinburgh International Book Festival) 등 12개의 다양한 축제가 개최되어 죽기 전에 꼭 봐야 할 축제 중의 하나로 불림

The Edinburgh Festivals are:

EDIN
BURGH
ART
FEST
IVAL

• 에든버러 주요 페스티벌 내용　　출처: www.edinburghfestivalcity.com

▣ 매일 밤 에든버러성에서는 아름다운 군악대의 백파이프 연주와 하이랜드 댄스 등의 밀리터리 타투가 열리고 시내 공연장, 길거리 등에서는 클래식 음악, 록, 오페라, 연극, 춤, 전시 등 다양한 장르의 문화·예술·축제가 펼쳐져 도시 자체가 공연장이며 축제의 장소가 됨(연간 1,500만 명 이상 방문)

▣ 제2차 세계대전 이후 유럽의 평화를 기원하면서 황폐해진 유럽의 문화 부흥을 이끌고 '인문학적 정신을 꽃피우는 기반을 제공'할 목적과 지역 경제 활성화를 위해 1947년에 시작된 축제는 2016년 BOP 컨설팅에 따르면 연간 4,000억 원에 달하는 경제 유발 효과와 한해 5,000명 이상 일자리 창출 효과를 가져옴

▣ 새로운 형태의 문화예술 공연장 건설 등 하드웨어적인 측면보다는 기존에 보유한 유·무형 문화 자원의 콘텐츠를 활용함

- 지역 축제, 유명 인물, 역사 자원, 문화 자원, 인공 경관 등 활용

• 밀리터리 타투 페스티벌 행진 모습

2) 축제 내용

(1) 에든버러 국제 페스티벌

▣ 에든버러 국제 페스티벌은 세계 각국에서 참가한 수준 높은 연극, 마임, 콘서트, 오페라 등의 세계적인 공연 예술 축제임

▣ 국제 페스티벌은 공연 단체를 조직위원회에서 공식으로 초청하여 진행하며 개막작 포함에 총 60편의 공연, 예술작품들을 초청

※ 공식 초청작은 장르별로 오페라 6편, 무용 5편, 연극 9편, 음악 40여 편으로 구성, 가장 중심적으로 진행되는 프로그램은 클래식 음악임

▣ 국제 페스티벌 주요 공연장

- 어셔 홀(Usher Hall), 처치 힐 시어터(Church Hill Theatre), 더 퀸즈 홀(The Queen's Hall), 페스티벌 시어터(Festival Theater), 에든버러 플레이하우스(Edinburgh Playhouse), 킹스 시어터(King's Theatre), 더 허브(The Hub) 등

• 국제 페스티벌이 열린 어셔 홀 출처: guardian

(2) 에든버러 페스티벌 프린지

▣ 에든버러 페스티벌 프린지는 1947년 에든버러 국제페스티벌의 초창기에 초청받지 못한 공연팀들이 자생적으로 공연하면서 시작되었음

※ 프린지(fringe)의 의미가 '주변', '변두리'인 것처럼 프린지 페스티벌은 공식 초청공연으로 이루어지는 국제 페스티벌과는 달리 자유 참가 형식의 공연으로 이루어지는 일종의 부대 축제라고 할 수 있었음

▣ 1947년 제1회 에든버러 국제 페스티벌에 초대받지 못한 8개의 극단 예술가들이 극장이 아닌 소규모 공간을 극장으로 개조해 시위 형태의 공연을 했던 것이 계기가 되어 시작되었고, 1948년 극작가이자 에든버러 이브닝 뉴스(EEN) 기자였던 로버트 캠프(Robert Kemp)가 그해 8월 14일자 기사('More that is Fresh in Drama')에 처음으로 프린지라는 용어를 사용했으며 그 이후 대명사가 되었고 지금의 프린지는 처음보다 더 비공식적이지만 세계 최대 규모의 예술 축제가 됨

• 에든버러 프린지 페스티벌 입구

▣ 2024년 에든버러 프린지 페스티벌은 전 세계 58개국에서 참가하며 총 3,317개의 공연이 262개의 장소에서 열리며 총 5만 1,446회의 공연이 개최됨

▣ 주요 출연 작품 비중

- 코미디: 1,310개 공연(전체의 39.5%)
- 연극: 883개 공연(26.6%)

- 음악: 343개 공연(10.3%)
- 뮤지컬 및 오페라: 137개 공연(4.1%)

▣ 2011년 〈난타〉, 〈비보이를 사랑한 발레리나〉 등 한국 작품이 처음 참가한 이후 매년 10개 내외 한국 작품이 공연을 하고 있으며 2024년 8월 2일부터 26일까지 진행되는 제77회 에든버러 페스티벌에서 정선 아리랑을 현대적 감각으로 재해석한 뮤지컬 퍼포먼스 '아리아라리(ARI: The Spirit of Korea)', 사랑과 기술의 경계를 탐구하는 창작 뮤지컬 '유 앤 잇(You & It)' 등 한국의 우수한 문화 예술의 진수를 세계 무대에 선보임

• 길거리 공연 모습

(3) 로열 에든버러 밀리터리 타투(Royal Edinburgh Military Tattoo)

▣ 1950년 에든버러 페스티벌의 부대 행사로 시작하여 천년 역사의 에든버러 성 내에서 스코틀랜드 전통 군악대가 백파이프를 연주하며 행진하고, 하이랜드 민속춤 및 해외 국가들의 군악대 공연 등 다양한 퍼포먼스가 진행됨

▣ 에든버러 여름 축제 기간에 열리는 가장 인기 있는 축제로 3주간 30만 명이 관람하는 에든버러 축제의 하이라이트

• 2018년 밀리터리 타투 포스터(위) 밀리터리 타투 페스티벌 행진 모습(아래)

3) 에든버러 축제 시사점

▣ 역사적 도시를 공연 예술 축제의 도시로 승화시켜 지역 경제 활성화를 주도한 사례

▣ 새로운 형태의 문화 예술 공연장 건설 등 하드웨어적인 측면보다는 기존에 보유한 유·무형 문화 자원 콘텐츠를 활용함

- 지역 축제, 유명 인물, 역사 자원, 문화 자원, 인공 경관 등 활용

▣ 축제를 위한 상설 조직 운영, 민·관 거버넌스 협력 체계 강화, 지역 주민의 자발적 참여를 통한 자부심 강화

▣ 항상 세계적으로 우수한 작품을 발굴하고 누구나 참가할 수 있는 자유 참가 형식의 확대로 누구라도 참여하고 싶도록 유도함

▣ 건축물 자체보다는 신·구 도시를 상징하는 기존 공간들을 스토리텔링을 통해 효율적으로 활용하여 성공적인 문화 예술 축제 공연장으로 활성화함

▣ 재무 안정성 및 지속가능성에 초점을 두고 효율적인 조직 운영

3

에든버러의 주요 명소

에든버러의 주요 명소

포스 브리지
(북서쪽으로 약 10km)

스콘 궁전
(퍼스 지역)

글라미스성
(북쪽으로 약 100km)

딘 빌리지
Dean Village

뷰트 하우스
Bute House

플로랄 클락
Floral Clock

스콧 기념물
Scott Monument

발모랄 호텔
The Balmoral

칼턴 힐
Calton Hill

프린스 스트리트
Princes Street

스코틀랜드 국립 미술관
Scottish National Gallery

로열 마일
Royal Mile

홀리루드하우스 궁전
Palace of
Holyroodhouse

에든버러성
Edinburgh Castle

세인트 자일스 성당
St Giles' Cathedral

어셔 홀
The Usher Hall

스카치 위스키 익스피리언스
The Scotch Whisky Experience

다이나믹 어스
Dynamic Earth

스코틀랜드 국립 박물관
National Museum of Scotland

아서의 의자
Arthur's Seat

미도우 공원
The Meadows

로즐린 성당
(남쪽으로 10km)

하드리안 벽
(남쪽으로 150km)

1. 에든버러성

바위산 위에 세워진 고대의 요새

- ▣ Edinburgh Castle. 6세기에 지어진 에든버러성은 캐슬 록이라는 바위산 위에 세워진 고대의 요새. 1093년 마거릿(Magaret) 여왕 시절부터 1633년까지 왕실의 거주지였으며 15세기부터 성의 주거 역할이 쇠퇴했고 17세기까지는 주로 대규모 수비대를 갖춘 군막으로 사용되었던 에든버러의 랜드마크
- ▣ 현재 에든버러성은 영국군 사령부로서 군이 주둔
- ▣ 스코틀랜드 국립 전쟁 기념관 등 스코틀랜드와 관련된 다양한 박물관이 있음
- ▣ 《해리 포터》 작가 조앤 롤링이 에든버러성의 그레이트 홀(Great hall, 대연회장)과 전쟁 기념관을 보고 영국 유일의 마법학교 '호그와트(Hogwarts)'를 연상했다고 함
- ▣ 대연회장에는 과거 스코틀랜드 왕의 대관식 때 사용되었던 '운명의 돌(The Stone of Destiny)'이 전시돼 있는데 스코틀랜드 왕가의 상징인 운명의 돌은 700년 전 잉글랜드의 왕인 '에드워드 1세'에게 빼앗겼다가 스코틀랜드가 잉글랜드에서 분리된 이후인 1996년에야 돌려받음

• 에든버러성

• 에든버러성 내부

▣ 주요 배치도

• 에든버러성 주요 배치도

출처: maps-edinburgh.com

■ 성 정문(Portcullis Gates)

출처: 위키피디아

- 정문 위 문양: 스튜어트 왕가가 지배할 당시의 국가 문양
- 왼쪽 동상: 스코틀랜드 왕 로버트 1세(Robert the Bruce, 배넉번 전투의 독립영웅)
- 오른쪽 동상: 윌리엄 월러스(William Wallace, 영화 〈브레이브 하트〉의 실존 인물, 독립영웅)

■ 로열 팰리스(Royal Palace)

- 스튜어트 왕과 왕비의 공식 왕실 거주지였으며 메리 퀸 여왕은 여기서 1566년 제임스 6세를 출산함
- '운명의 돌'과 스코틀랜드 왕의 왕관과 왕가의 보물 전시 중. 스코틀랜드의 독립을 상징하는 운명의 돌은 스코틀랜드 왕의 대관식 때 왕으로 임명받은 사람이 왕관을 받기 위해 무릎을 꿇었던 돌

※ 1296년 잉글랜드 에드워드 1세는 스코틀랜드에서 이 돌을 빼앗아 웨스트민스터에서 왕들의 대관식 때 사용함

※ 1950년 크리스마스에 네 명의 스코틀랜드 학생들이 런던의 웨스트민스터 사원에서 이 돌을 제거했고 석 달 후 그것은 500마일 떨어진 아브로스(Arbroath) 수도원에서 발견됨

출처: www.edinburghcastle.scot

- 1996년에 이 돌은 공식적으로 스코틀랜드로 반환되어 로열 팰리스 궁전 크라운 룸에 왕관과 함께 전시됨
- 제임스 5세를 위해 1540년에 만들어진 왕관

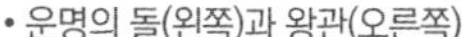
• 운명의 돌(왼쪽)과 왕관(오른쪽)

출처: www.edinburghcastle.scot

▣ 그레이트 홀

- 1511년 제임스 4세를 위해 지어진 건물로 대규모 연회와 국가 행사가 개최되었으며 1639년까지 스코틀랜드 의회가 열렸던 장소로 과거 잉글랜드와의 전쟁을 연상하게 하는 무기와 대포류 전시 중

출처: www.edinburghcastle.scot

▣ 스코틀랜드 국립 전쟁 기념관(Scottish National War Museum)

- 1700년대 건축되어 군 병원 등으로 사용되다가 1933년 전쟁기념관으로 개관
- 전쟁기념관 앞 얼 헤이그(Earl Haig) 동상은 1861년 에든버러에서 태어나 제1차 세계대전 때 독일군을 격파하는 데 승리의 견인차 역할을 한 영국 육군 원수로 후에 제1대 헤이그 백작이 됨

출처: www.undiscoveredscotland.co.uk

▣ 세인트 마거릿 예배당

- 에든버러성 내에서 가장 오래된 건축물로 12세기 초에 지어진 예배당. 12세기 초 데이비드 1세가 그의 어머니 마거릿 여왕을 위해 지은 성당으로 1500년대에는 화약고로도 사용되었으며 빅토리아 시대 중반 이후부터 스테인드 글라스 창문 등의 인테리어를 현대식으로 바꿈

출처: uncover.travel

■ 포위 공격용 대포(Mons Meg)

- 1457년 제임스 2세 국왕에게 주어진 6톤 대포는 최대 3.2km(2마일)의 사거리가 가능하고 150kg의 포탄을 발사할 수 있었으며 이 대포가 만들어진 벨기에 마을의 이름을 따서 몬즈 메그(Mons Meg)라 함

출처: www.edinburghcastle.scot

▣ 원 어클락 건(One o'clock gun)

- 1861년에 처음으로 발사 사용된 대포로 인근 리스 항구에 있는 배들에게 시간을 알려주기 위해 오후 1시에 대포를 발사했음
- 일요일, 금요일과 크리스마스에는 발포하지 않음

출처: www.edinburghcastle.scot

■ 포로 수용소(Prisons of War)

- 1700년대 해적, 프랑스, 미국, 스페인, 네덜란드 다수의 선원 등의 포로 수용소

출처: www.historicenvironment.scot

2. 로열 마일

에든버러의 가장 대표적인 거리

1. 개요

▣ Royal Mile. 에든버러성에서 홀리루드 궁전으로 연결된 길이자 에든버러에서 가장 오래된, 자갈이 깔린 1마일(1.6km)의 길. 왕가와 귀족들의 전용도로로 스코틀랜드 역사를 담은 거리

▣ 에든버러의 역사를 말해 주는 건축물뿐만 아니라 많은 상점과 레스토랑, 카페가 자리 잡고 있음

출처: www.shutterstock.com

■ 로열 마일 주요 구성 거리

- 캐슬 힐 앤드 캐슬 에스플러네이드(Castlehill and Castle Esplanade), 론마켓(Lawnmarket), 하이 스트리트(High Street), 캐논게이트(Canongate), 애비 스트랜드(Abbey Strand)

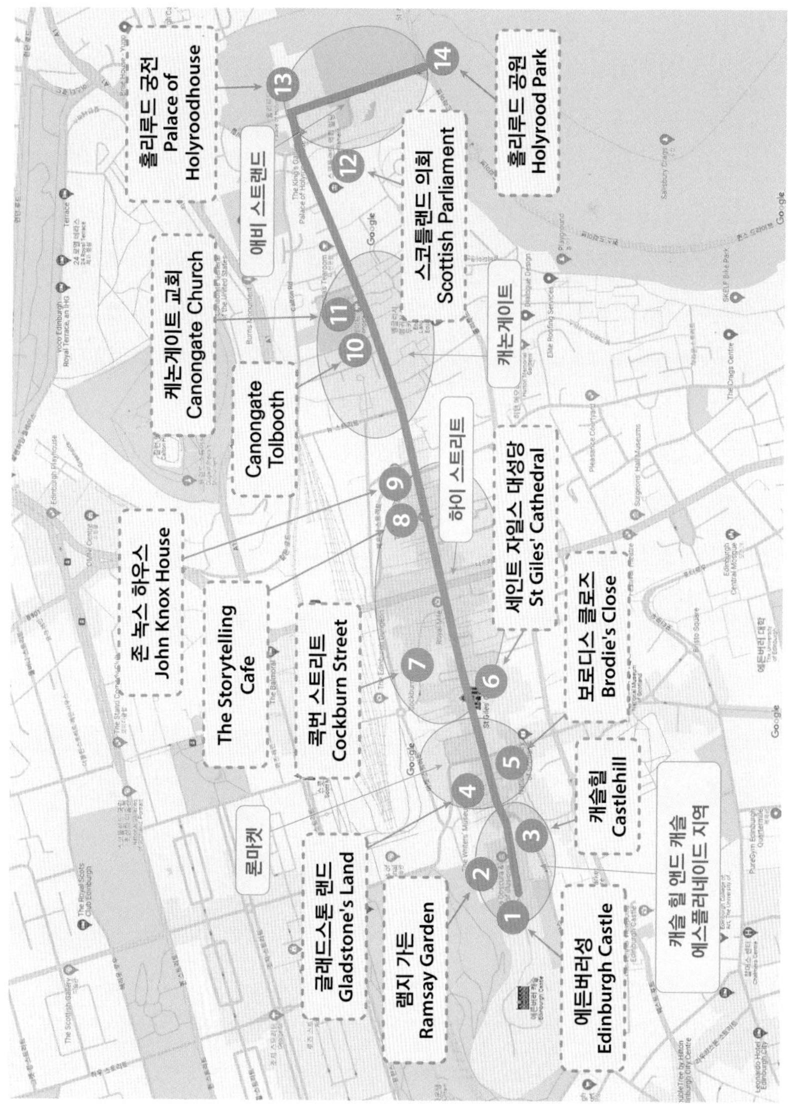

2. 주요 명소

- 캐슬 힐 앤드 캐슬 에스플러네이드 지역: 에든버러성과 가장 가까운 곳에 위치하고 있으며 로열 마일에서 가장 오래된 지역으로 이 도시가 원래 세워졌던 곳임. 매년 에든버러 밀리터리 타투 축제가 열리는 곳으로 더 스카치 위스키 익스피리언스(The Scotch Whisky Experience), 카메라 옵스큐라 앤드 월드 오브 일루전스(Camera Obscura & World of Illusions)가 위치함
- 론마켓: 17세기까지 시장에서 실을 파는 곳이었고 하이 스트리트의 일부임. 에든버러 국제페스티벌의 개최지로 사용되고 있는 고딕 양식의 교회와 스코틀랜드 은행이 위치함. 에든버러성에서 가깝기 때문에 기념품 가게들을 찾을 수 있으며 잘 보존된 17세기 주택 박물관인 글래드스톤스 랜드(Gladstone's Land), 더 라이터스 뮤지엄(The Writers' Museum)이 위치함
- 하이 스트리트: 로열 마일에서 가장 인기 있는 지역으로 세인트 자일스 성당(St Giles' Cathedral), 리얼 메리 킹 골목(The Real Mary King's Close), 트론 커크 앤드 로열 마일 마켓(Tron Kirk & Royal Mile Market), 스토리텔링 센터 존 녹스 하우스(the Storytelling Centre John Knox House)와 수많은 상점 및 식당이 위치함
- 캐논게이트: 1856년까지 도시와 성벽을 구분하는 지역으로 스코티시 팔러먼트 빌딩(Scottish Parliament Building), 에든버러 박물관(Museum of Edinburgh), 더 피플스 스토리 뮤지엄(The People's Story Museum)이 위치함
- 애비 스트랜드: 홀리루드 하우스(Holyrood house) 궁전 앞의 도로로 100m도 안 됨. 2002년 오픈한 더 퀸즈 갤러리(The Queen's Gallery)와 애비 생크추어리(Abbey Sanctuary)가 위치함

1) 세인트 자일스 성당

■ St. Giles' Cathedral. 하이 스트리트 맞은편, 올드 타운 중심지인 로열 마일에 위치한 성당으로, 8세기부터 지금 위치에 교회가 있었으나 15세기에 지어진

것으로 추정되고 있으며 900년 동안 에든버러의 종교적 중심지이며 세계 장로교의 어머니 교회임

- 1385년 화재 이후 16세기 초까지 개축을 거듭하면서 건물 규모가 점점 더 커지고 고딕 양식으로 화려해졌으며 현재의 건물 외관은 1829년 건축가 윌리엄 번(William Burn)이 완성함
- 성당 내부는 나무 조각 장식이 화려한 아름다운 엉겅퀴 예배당을 비롯해 정교한 솜씨를 뽐내는 스테인드글라스, 훌륭한 오르간 등으로 인해 널리 알려졌음
- 스코틀랜드의 역사를 대변하는 장소로 중세 이후 스코틀랜드의 프로테스탄트화를추진하던 교회 중 가장 중요한 위치를 차지하고 있으며 지금도 스코틀랜드 프로테스탄트의 중심지 역할을 하고 있음
- 16세기 종교개혁을 주장한 칼뱅파 목사 존 녹스(John Knox)가 활동하던 곳이기도 하며 에든버러 출신의 소설가 로버트 루이스 스티븐슨(Robert Louis Stevenson)의 기념비가 세워져 있음

• 세인트 자일스 성당 전경 출처: www.shutterstock.com

존 녹스

• 존 녹스 초상화*

- 1514~1572년, 스코틀랜드의 종교개혁가이며 신학자
- 스코틀랜드의 종교 개혁자로 칼뱅파의 스코틀랜드 교회의 창설자이자 실용주의 창시자의 한 사람이며 장로주의의 선구자
- 해딩턴 교외의 농민의 아들로 태어나 세인트 앤드루스 대학 졸업 후 공증인·가톨릭 성직자가 되었으며 1545년 루터주의자 G. 위셔트(1513~1546년)와의 친교로 종교 개혁자가 되었고 1547년 위셔트가 처형된 후 세인트 앤드루스성 설교자가 됨
- 프랑스 군(軍)이 성을 점령한 후 19개월간 프랑스 군함에 포로로 잡혀 있다가 석방되자 영국으로 건너가 에드워드 6세의 궁정 목사가 됨
- 메리 1세 여왕 즉위 후에는 다른 종교 개혁자와 함께 유럽 대륙으로 피신했으며 제네바에서 J. 칼뱅의 영향을 받음
- 1559년 종교 전쟁(1559~1560년)에서 개혁파가 승리하자 귀국해서 종교 개혁 전쟁에 참가하고 1560년에 에든버러에서 개혁파 교회의 확립을 위하여 교권 수립에 공헌했으며 운명하기 전까지 에든버러의 세인트 자일스 교회 목사로 근무함
- 1561년에 프랑스에서 귀국한 가톨릭 여왕 메리 스튜어트는 종교 개혁을 인정하지 않았기 때문에 그와 대립함
- 1567년에 여왕이 퇴위하고 그 아들 제임스 6세가 프로테스탄트 왕으로 즉위했기 때문에 녹스의 종교 개혁이 인정되었으며 《스코틀랜드 종교개혁사》(1584)를 집필

2) 스카치 위스키 익스피리언스

- ▣ The Scotch Whisky Experience. 올드 타운인 캐슬힐(Castlehill)에 위치한 위스키 관광 명소로 스카치 위스키 회사들이 200만 파운드(약 30억 원)를 공동으로 투자하여 스카치 위스키 헤리티지 센터를 설립하고, 1988년에 스카치 위스키를 체험할 수 있는 스카치 위스키 익스피리언스를 오픈함
- ▣ 2008년 세계 최대 스카치 위스키 컬렉션(총 3,384병) 장소가 되었으며 2013년에는 360종류 이상의 스카치 위스키 맛을 볼 수 있는 바를 오픈, 연간 30만 명 방문
- ▣ 양조용 나무통 모양의 카트를 타고 이동하며 위스키 역사를 듣는 것으로 투어가 진행되며 위스키 상점, 앰버 레스토랑 앤드 위스키 바(Amber Restaurant & Whisky Bar), 테이스팅 룸이 있음

• 스카치 위스키 익스피리언스 가게 외관 출처: www.scotchwhiskyexperience.co.uk

스코티시 위스키 익스피리언스 내부 출처: www.scotchwhiskyexperience.co.uk

▣ 위스키 투어

① 실버 투어

- 위스키 생산 과정 소개
- 세계에서 가장 큰 스카치 위스키 컬렉션 보기
- 크리스탈 위스키 시음

② 골드 투어

- 실버 투어 포함
- 4개의 싱글 몰트 스카치 위스키 시음
- 스카치 위스키 익스피리언스 소사이어티 회원(1년)
- 회원 기간 내 술집, 레스토랑 및 상점 내의 할인

③ 플래티넘 투어

- 위스키 생산 과정 소개
- 세계에서 가장 큰 스카치 위스키 컬렉션 보기
- 4개의 대조되는 싱글몰트 위스키 및 1개의 블렌딩 위스키 시음, 무료 선물

3) 글래드스톤스 랜드

▣ Gladstone's Land. 올드 타운에 위치한 17세기형 고급 주택으로 1550년에 최초 건설된 2층짜리 건물임

▣ 1617년에 부유한 에든버러 상인 글리드스테인스(Gleedstanes)가 매입해서 재개발함. 1층에는 글리드스테인스가 장사를 하던 상점의 모습과 상품을 재현했고 천장의 화려한 그림이 인상적인 4개의 아파트로 구성된 2층은 300년의 역사를 재현함

※ 18세기 급격한 인구 증가로 거주 공간이 부족해지면서 여력이 있는 이들은 빠르게 성장하던 뉴 타운으로 옮겨가기 시작함. 원래 글래드스톤스 랜드는 1934년에 철거 예정이었지만 스코틀랜드 국가 신탁에서 재생해 17세기형 건물로 복원한 뒤 박물관으로 활용함

• 글래드 스톤스 랜드 외관

4) 라이터스 뮤지엄

- ▣ The Writers' Museum. 올드 타운에 있는 박물관으로 원래의 박물관 건물은 1662년에 건설되었으며, 17세기에 이곳에 살았던 백작 부인의 이름을 따서 레이디 스테어스 하우스(Lady Stair's house)라고 부르고 있음
- ▣ 로버트 번스(Robert Burns), 월터 스콧(Walter Scott), 로버트 루이스 스티븐슨(Robert Louis Stevenson) 등의 자필 원고, 초판본, 직접 사용하던 가구 등을 전시하고 있음
- ▣ 현재 건물은 스튜어트 헨베스트 캐퍼(Stewart Henbest Capper)가 1892년에 재건축했으며 1907년 로즈베리(Rosebery) 백작이 박물관으로 사용하기 위해 기부함

• 라이터스 뮤지엄*

5) 리얼 메리 킹 골목

- ▣ The Real Mary King's close. 올드 타운 지역의 로열 마일 건물 아래 위치한 골목길로 17세기에 거주했던 상인 메리 킹에서 이름을 따옴
- ▣ 1645년 전염병인 페스트가 창궐하고 에든버러 도시 인구의 50%가 목숨을 잃게 되었는데 가장 큰 피해를 입은 지역이 술집, 상점가가 혼재되어 있던 메리 킹 골목길
- ▣ 많은 골목길로 구성되어 있었는데 골목 주민들이 페스트에 걸리자 시에서는 이들을 자기 집에 머물게 하되 골목길을 벽으로 에워싸서 폐쇄했으며 이들이 죽은 후 좁고 구불구불한 골목길과 문으로 시신을 꺼내기가 힘들어서 시신을 토막 내었다는 믿기 어려운 이야기도 있고 지하 골목길이 생겨남
- ▣ 20세기에 들어설 때까지 메리 킹 골목길은 출입이 금지된 공간이었으며 2003년 시민들에게 완전히 개방한 뒤 현재는 관광 명소로 자리 잡음

• 리얼 메리 킹 골목 출처: realtraveladventures.com

6) 캐논 볼 레스토랑 앤드 바

▣ Cannonball Restaurant & Bar. 에든버러성 바로 아래 로열 마일 꼭대기에 있는 15세기 공동주택으로 서쪽 외벽에 대포알이 박혀 있음

※ 1745년 스튜어트 왕가의 지지자들이 에든버러성을 점거했을 때 홀리루드성으로 진출하다 폭격을 맞았다는 소문이 있었지만 사실은 에든버러에서 처음으로 급수를 위해 벽에 파이프를 놓을 때 중심을 잡으려고 박아 놓은 것이라 함

▣ 건물 안에는 3층짜리 콘티니 에든버러 캐논 볼 레스토랑 앤드 바가 위치함

• 캐논 볼 레스토랑 앤드 바 외관 출처: www.tripadvisor.co.kr

7) 다이나믹 어스

- ▣ Dynamic Earth. 1999년 밀레니엄 재생 프로젝트의 일환으로 과거 홀리루드 궁전 주변 조그마한 산업과 상가 지역을 지구과학을 다루는 과학 박물관으로 재생시킨 곳
- ▣ 스코틀랜드의 유일한 360도 돔 영화관이 있어 1년 내내 다양한 영상물을 상영함
- ▣ 역동적인 지구 방문 체험을 통해 자연의 힘을 경험할 수도 있고 우주의 시간을 여행하는 등 다양한 과학적 경험을 할 수 있는 장소

• 다이나믹 어스 외관*

8) 램지 가든

▣ Ramsay Garden. 캐스트힐 지역에 있는 16개의 개인 아파트 블록 건물로 건물들의 외관적 특징은 붉은 지붕과 흰색 몸체로 통일됨

▣ 시인이자 가발 제조업자 앨런 램지가 1733년에 지은 팔각형 주택인 숙박업소로 시작되어 패트릭 게데스(Patrick Geddes)가 1890년에서 1893년 사이에 현재의 형태로 발전시킴

▣ 게데스가 노동자 계층의 생활 환경을 개선하고 부유한 거주자의 수를 늘리기 위해 도시 재생 프로젝트를 진행한 것이 램지 가든 개발의 목적이 됨

▣ 아파트 중 일부는 관광객을 위한 숙박 시설로 제공됨

• 램지 가든 외관*

9) 카메라 옵스큐라 앤드 월드 오브 일루전스

- ▣ Camera Obscura & World of Illusions. 1850년대 안경상이었던 마리아 테리사 쇼트(Maria Theresa Short)가 만들었음. '카메라 옵스큐라'는 라틴어로 '어두운 방'이라는 뜻으로, 방을 어둡게 만들고 벽에 작은 구멍을 내어 반대쪽 벽에 건물 외부의 실제 모습이 보이도록 하는 장치를 말하며 '카메라'의 어원임
- ▣ 거울과 렌즈를 이용해서 어두운 방 안에 있는 오목하고 커다란 접시 위에 아웃룩 탑 주변의 실제 모습을 생생하고 자세하게 담아 냄. 1945년에 본래 있던 거울과 렌즈를 새롭게 교체했으며 유럽에서 가장 큰 홀로그램과 착시에 관한 흥미로운 전시품으로 옛 에든버러의 사진들이 함께 전시됨
- ▣ 6층까지 계단으로 올라가면서 카메라 옵스큐라와 침공사진술(렌즈 대신 어둠 상자에 바늘 구멍만한 작은 구멍을 낸 사진기로 촬영하는 방법)에 관련된 전시품들을 감상할 수 있으며 카메라 옵스큐라가 있는 방에서는 마치 마술처럼 접시 위에 에든버러의 전경이 펼쳐짐. 바닥에는 착시 현상, 빛, 색상을 보여주는 인터렉티브 전시물이 전시되어 있고 건물 옥상에 올라가면 망원경 전망대가 있음

• 카메라 옵스큐라 내부 통로 출처: forgetsomeday.com

3. 홀리루드하우스 궁전

스코틀랜드의 역사적인 궁전

- ▣ Palace of Holyroodhouse. 에든버러에 있는 궁전으로, 1128년 데비드 1세가 세운 홀리루드 수도원이 전신임
- ▣ 15세기에 스코틀랜드 국왕 부부의 거주지로 사용되었는데 2022년에 서거한 엘리자베스 여왕이 매년 5월과 7월 스코틀랜드 방문시 체류했으며 그밖에 국가 의식과 공식 행사도 개최되고 여왕이 머물지 않을 때는 연중 일반에 되었음
- ▣ 홀리루드(Holyrood)는 그리스도가 처형된 십자가를 의미함. 1128년 홀리루드 사원을 방문하는 귀족들의 숙소로 건축되어 16세기 초에 스코틀랜드의 왕 제임스 4세 때부터 고딕형의 궁전을 건설함. 1650년 잉글랜드 올리버 크롬웰 장군의 침략으로 화재가 발생했으며 현재 궁전은 1671년부터 1678년 건설되었음

• 홀리루드 궁전 외관 출처: www.rct.uk

■ 홀리루드 궁전은 파란만장한 스코틀랜드의 과거와 역사가 담겨 있는 궁전으로 1561년부터 1567년까지 메리 여왕이 거주했고 아들 제임스 6세를 낳은 것을 비롯해 그녀의 인생에서 가장 비극적이라 할 수 있는 사건이 발생한 곳

※ 메리 여왕의 남편 단리(Darnley) 경이 질투심을 이기지 못해 여왕의 비서였던 데이비드 리지오(David Rizzio)를 무자비하게 56번이나 찔러서 살해했던 장소

■ 홀리루드 궁전에서 가장 많은 볼거리를 선사하는 곳은 메리 여왕과 그녀의 남편 단리 경이 살았던 킹 제임스 타워이며 여왕의 거실(Throne Room)이 있고 스코틀랜드 역대 왕들의 초상화와 미술품들이 전시되어 있음

• 홀리루드 궁전 내부 홀 출처: www.rct.uk

■ 궁전 뒤로는 '아서 왕의 의자(Arthur's Seat)' 및 '솔즈베리 크래그(Salisbury Crags)'라는 이름의 바위가 있고 궁 주변에는 작은 언덕과 호수를 낀 산책길, 홀리루드 공원 등이 있음

• 홀리루드 궁전 정원

▣ 아서 왕의 의자

- 에든버러 동쪽에 위치한 약 350만년 전에 형성된 높이 251m의 사화산임
- 이름의 유래는 아서 왕의 전설 또는 '활을 쏘는 언덕'이라는 뜻의 게일어 'Ard-na- Said'에서 파생됨
- 아서 왕의 의자는 중요한 지질학, 초원 서식지 및 흔치 않은 식물과 동물 종들을 보호하기 위해 지정된 특별한 화산 유적지임
- 산은 비교적 오르기 쉽고 봉우리의 경치가 탁월하여 등반로로 인기가 많으며 사우스 쿼리에서는 암벽 등반도 가능함

• 멀리선 본 아서 왕의 의자

4. 칼턴 힐

유네스코 세계문화 유산에 등재된 언덕

■ Calton Hill. 프린스 스트리트 동쪽 끝, 105m 높이로 우뚝 솟아 있는 언덕으로 북방의 아테네로 불리며 아름다운 포스(Forth)강 하구와 에든버러의 전경을 감상할 수 있음

■ 칼턴 힐이라는 이름은 고대 스코틀랜드 언어에서 유래되었으며, '바위가 많은 언덕' 또는 '흰색 언덕'이라고 불림

• 칼턴 힐 전경 출처: www.edinburghmuseums.org.uk

■ 칼턴 힐에서 가장 크고 눈에 띄는 건물은 국립 기념비(National Monument)인데, 이것은 워털루 전쟁에서 승리하고 1년 뒤에 나폴레옹 전쟁에서 전사한 용감한 스코틀랜드 민족을 기리기 위한 것. 1882년 아테네의 파르테논 신전을 모방하여 건설하기 시작했으며 윌리엄 플레이페어(William Playfair)가 설계함

• 칼턴 힐 국립 기념비　　출처: www.shutterstock.com

▣ 국립 기념비에서 멀지 않은 곳에는 트라팔가 전쟁에서의 승리를 기념하기 위해 1816년에 만들어진 '넬슨 기념비'가 있음

• 넬슨 기념비　　출처: www.shutterstock.com

▣ 철학자 듀걸드 스튜어트(Dugald Stewart)를 기리기 위한 조그만 원형의 사원이 있고, 두 개의 전망대(Old Observatory와 City Observatory)가 있음

• 칼턴 힐 듀걸드 스튜어트 사원 출처: www.shutterstock.com

• 칼턴 힐 구(舊) 전망대 출처: www.shutterstock.com

5. 프린스 스트리트와 정원

에든버러 시내 중심 쇼핑 거리 및 정원

1. 개요

▣ 프린스 스트리트(Princes Street)는 스코틀랜드의 에든버러 중심가와 수도의 주요 쇼핑 거리 중 하나. 에든버러 뉴 타운의 최남단 거리로 서쪽의 로션 로드에서 동쪽의 레이트 스트리트까지 약 1마일(1.6km) 정도 뻗어 있음

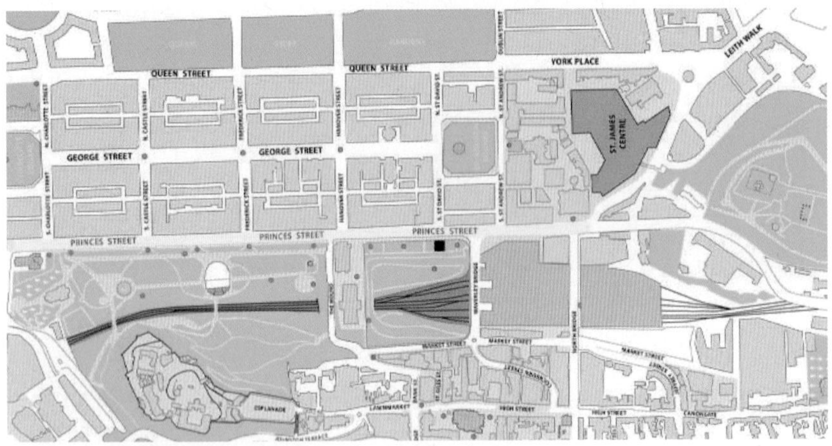

• 프린스 스트리트 전체 지도　　출처: edinburgh-newtown.com

▣ 18세기에 프린스 스트리트는 에든버러의 수호성인 이름을 따서 세인트 자일스 스트리트(St Giles Street)라고 불렸으나 조지 3세가 그 이름을 거부하고 두 아들인 조지 왕자와 프레드릭 왕자를 기념해 프린스 스트리트라 지음. 이

거리는 현재 제1신도시로 알려진 에든버러 뉴 타운의 공식 계획에 따라 마련되었으며 건축가 제임스 크레이그가 고안함

▣ 1770년경부터 건축이 시작되었으며 모든 건물은 거리에서 지하실로 계단이 연결되고 계단이 2개의 상점과 위에 다락방이 있는 1층까지 같은 구조로 건축됨

▣ 19세기에 걸쳐 대부분의 건물들은 더 큰 규모로 재개발되었고 거리는 주거용에서 주로 상업 시설로 변모되었으며 1880년대부터 접근성이 매우 편리하고 멋진 경관을 가진 칼레도니아 호텔, 노스 브리티시 호텔, 로열 브리티시 호텔, 올드 웨이벌리 호텔, 마운틴 로열 호텔이 건축됨

▣ 1930년대까지 프린스 스트리트의 건축은 매우 혼합된 성격을 가지고 있었는데 보다 일관된 외형을 조성하기 위해 1949년 아베크롬비(The Abercrombie) 계획을 실시함. 그 결과 디자인에 대한 보다 엄격한 통제가 실시되어 1층 보행로를 통합하기 위해 모더니스트 건물과의 종합적인 재개발을 제안하여 이론적으로 쇼핑 전경이 두 배로 확장됨

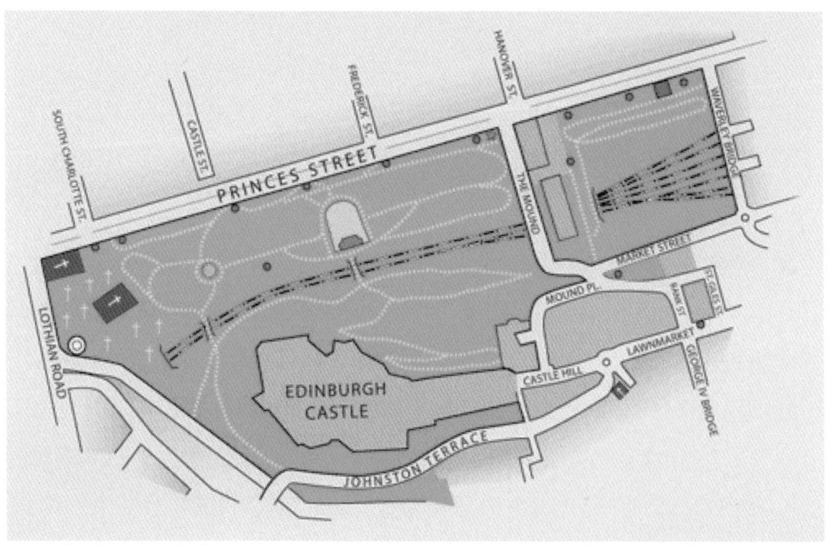

• 프린스 스트리트 지도 출처: www.royal-mile.com

2. 프린스 스트리트 쇼핑

▣ 상점들이 길 한쪽에만 늘어서 있고 맞은편에는 푸른 프린스 스트리트 정원이 있어 쇼핑객들은 최고의 올드 타운 도시 경관을 느낄 수 있음

▣ 데번햄스(Debenhams), 뉴 룩(New Look), 하우스 오브 프레이저(House of Fraser), 자라(Zara), 프라이마크(Primark) 등 유명 브랜드의 본점, 제너스(Jenners) 백화점, 대표적 쇼핑몰인 웨이벌리 몰(Waverley Mall) 등이 있음

▣ 그 외 에든버러에는 조지 스트리트(George Street), 멀트리스 워크(Multrees Walk), 더 웨스트 엔드(The West End) 지역이 쇼핑 명소임

• 프린스 스트리트 전경*

3. 프린스 스트리트 가든

▣ 1760년대부터 에든버러성의 방어를 위해 만들어진 인공 호수로 노르 로크(Nor' Loch)라고 불리던 이 지역에 1770년대와 1820년대에 두 단계로 나누어 배수 작업을 한 후 정원 조성과 신도시 건설 작업을 진행함

▣ 마을 북쪽에 위치한 호수는 원래 중세시대 지역 방어를 위한 인공적인 창조물이었음. 이 호수가 북쪽으로의 확장을 어렵게 했고 그 물은 올드 타운에서 내리막으로 배수되는 오수로 인해 상습적으로 오염되었음

▣ 1846년 정원 계곡에 철도가 건설되었으며 이 정원은 프린스가의 남쪽을 따라 이어져 있고 스코틀랜드 국립 미술관과 로열 스코틀랜드 아카데미가 위

치한 더 마운드에 의해 구분되어 있음

▣ 동쪽 프린스 스트리트 가든은 더 마운드에서 웨이벌리 다리까지 8.5ac(3.4ha)에 이르며 서쪽 프린스 스트리트 가든은 29ac(12ha)를 차지하고 있으며 인접한 세인트 교회까지 확장되어 있음

▣ 공원 안에는 1903년 만들어진 전 세계에서 가장 오래되고 아름다운 꽃시계, 1862년 제작된 예술, 과학, 시, 산업을 상징하는 여성 4명과 인어의 모습을 형상화한 황금색의 주철 구조물 장미 분수(Ross Fountain), 월터 스콧 경을 기념하기 위해 건축된 287개 계단의 스콧 기념비(Scott Monument) 등 다양한 명소가 있음

• 프린스 스트리트 정원 전경

출처: www.shutterstock.com

6. 발모랄 호텔

에든버러 중심부에 있는 5성급 호텔

- ▣ Balmoral Hotel. 1902년에 오픈한 호텔로, 스코틀랜드의 전통적인 건축 양식에 영향을 받아 빅토리아식으로 건축됨
- ▣ 건축가 윌리엄 해밀턴 비티가 설계함. 20세기 북영국 철도 회사에 소유권이 있었으며 1948년 철도의 국유화 이후 1983년 글레니얼스 호텔사가 민영화하여 매입함. 1988년에 대대적인 개조를 위해 호텔을 폐쇄했고 1990년에는 발모럴 인터내셔널 호텔이 그 건물을 구입했으며 1997년 포르테 그룹(Forte Group)이 인수함
- ▣ 호텔의 시계탑은 에든버러 사람들이 기차를 놓치지 않도록 3분 빨리 맞춰져 있으며 58m 높이로 랜드마크 중의 하나
- ▣ 조앤 K. 롤링이 2007년 652번 룸에서 해리 포터 시리즈의 마지막인 《해리 포터와 죽음의 성물(Harry Poter and the Deathly Hallow)》을 집필해서 더 유명해짐

• 발모랄 호텔 외관*

7. 플로랄 클락

세계에서 가장 오래되고 큰 꽃 시계

- ▣ Floral Clock. 세계에서 가장 큰 꽃 시계. 1903년에 최초로 프린스 스트리트 서쪽에 만들어졌으며 1905년 매시간 우는 뻐꾸기가 완성됨.
- ▣ 수많은 작고 다채로운 식물을 정원사들이 잘 관리하고 있음
- ▣ 최초의 시계 제작자는 도시공원 설계에 관여했던 수석 정원사 존 마케티(John Marchetti)와 시계 제작자인 제임스 리치(James Ritchie)였음
- ▣ 1934년 제임스 리치 회사가 꽃 시계의 메커니즘을 완전히 교체했으며 꽃들은 주로 7월에서 10월까지 피어 있음

• 보수중인 플로랄 클락

8. 스콧 기념물

스코틀랜드의 대문호 월터 스콧 경을 기념하기 위한 탑

- ▣ Scott Monument. 유럽 최초의 베스트셀러 작가이며 《아이반호》의 저자로 유명한 스코틀랜드의 대문호 월터 스콧 경을 기념하기 위한 빅토리아 시대 고딕 양식의 기념 탑
- ▣ 1840년에 처음 건설이 시작되어 1844년에 완료되었음. 영원한 적대감이 있는 잉글랜드에 대한 경쟁심으로 런던에서 제일 높은 트라팔가 광장의 넬슨 탑(51.59m, 1843년)보다 더 높은 61.11m로 할 만큼 스코틀랜드인들의 자부심을 엿볼 수 있는 조형물(287계단, 전망대)

• 스콧 기념물 전경 출처: www.shutterstock.com

▣ 스코틀랜드의 역사소설가이며 시인인 월터 스콧 경의 대표작은 〈최후의 음유 시인의 노래(The Lay of the Last Minstrel)〉, 1808년의 〈마미온(Marmion)〉, 1810년의 〈호수의 여인(The Lady of the Lake)〉의 3대 서사시이며, 그는 영국 낭만주의 소설을 대표하며 역사적 사회소설의 창시자임

▣ 기념비에는 68개의 조각상이 있으며 16명의 스코틀랜드 작가들 얼굴상도 함께 새겨져 있음

• 월터 스콧 동상*

9. 뷰트 하우스

스코틀랜드의 수상 관저

- ▣ Bute House. 에든버러의 샬럿 광장 내에 위치한 스코틀랜드 초대 장관의 관저
- ▣ 로버트 애덤(Robert Adam)이 디자인한 건물은 1792년 건설됨
- ▣ 건물은 4층 높이이며, 국무조정실, 사무실 및 회의실, 접견실, 앉는 곳과 식사실, 스코틀랜드 정부 장관, 공식 방문객, 손님들을 접견하고 접대하는 장소들이 있음
- ▣ 역사적 건물 보존을 위해 헌신하는 자선단체 내셔널 트러스트 포 스코틀랜드(National Trust for Scotland)의 소유임

• 뷰트 하우스 외관

출처: www.shutterstock.com

10. 딘 빌리지

리스 개울 주위에 세워진 그림 같은 매력의 고요한 마을

- ▣ Dean Village. 19세기까지 별도의 마을이었으나 딘 브리지(Dean Bridge)가 건설되고 이어지는 마을로 강을 가로지르는 작은 다리와 예쁜 돌집들은 독특한 매력을 더해 줌
- ▣ 리스 개울(Water of Leith)을 활용한 방앗간과 무역 활동이 약 800년 동안 성행했으나 1900년대 중반 현대적인 제분소의 개발로 마을의 무역 활동은 저점에 도달했었음
- ▣ 1970년대부터 도심과 가까운 휴양지로 인식되어 재개발과 복구가 진행되었고 현재와 같은 주거 구역이 됨
- ▣ 리스 개울을 따라 걷다 보면 토머스 텔퍼드(Thomas Telford)가 디자인한 인상적인 딘 브리지와 세인트 버나드 웰의 고전적인 신전이 나옴

• 딘 빌리지 전경

▣ 웰 코트(Well Court)

- 딘 빌리지에서 가장 인상적인 건물로 최근 에든버러 세계유산의 지원을 받아 복원됨
- 1880년대에 지역 노동자들을 위한 모델 하우스로 지어짐

• 웰 코트 외관 출처: www.shutterstock.com

• 웰 코트 입구 표지

11. 그레이프라이어스 보비 동상

스코틀랜드에서 가장 유명한 충견 조각상

▣ Greyfriars Bobby Statue. 먼저 세상을 떠난 주인의 묘지 옆을 죽을 때까지 지켰다는 충견 강아지 보비(Bobby)를 기념하기 위해 1872년에 만들어진 동상

▣ 주인이자 에든버러 경찰이었던 존 그레이만이 1858년 객사하여 그레이프라이어스 교회(Greyfriars Kirk)에 묻히자 그의 개 보비는 14년 동안 매일 밤 존 그레이만의 묘지 옆을 지켰다고 함

▣ 보비가 죽은 후 사람들은 보비의 충성심에 감동받아 주인이 묻힌 같은 교회에 묻어 주고 충견 보비의 동상을 세워 기념함

※ 한국의 오수(전북 임실군 오수면)의 충견 이야기와 유사

• 그레이프라이어스 보비 동상 출처: www.visitscotland.com/

12. 그레이프라이어스 교회

스코틀랜드 독립선언문이 협약된 교회

- ▣ Greyfriars Kirk. 1602년에 착공하여 1620년에 완공한 에든버러 올드 타운 내에 현존하는 가장 오래된 건물 중 하나임
- ▣ 그레이프라이어스는 스코틀랜드 개혁의 중심에 있었으며 1638년 그레이프라이어스 설교단 앞에서 국가협약이 서명되었고 그 국가협약은 종교문서이자 동시에 스코틀랜드 독립선언문이었음
- ▣ 1845년 화재로 지붕과 내부 가구가 파괴되었고 그래서 오늘날 우리가 보는 건축물은 대부분 빅토리아 시대 중반기의 것임
- ▣ 교회의 묘지인 그레이프라이어스 커크야드(Greyfriars Kirkyard)는 1561년 세워졌으며 월터 스콧 경을 포함하여 수많은 유명한 사람들이 묻혀 있고 14년 동안 매일 주인의 무덤에 앉아 지냈다는 충견 그레이프라이어스 보비도 묻혀 있음

• 그레이프라이어스 교회 외관*

13. 조지아 하우스

18세기 뉴 타운의 전형적인 건축물 타운하우스

- The Georgian House. 1796년 사람들로 넘쳐나는 올드 타운에서 벗어나 좀 더 우아하고 편안한 생활을 영위하려던 부유층들의 필요성에 의해 건축된 타운하우스
- 스코틀랜드를 대표하는 건축가라 할 수 있는 로버트 애덤이 그의 형제인 제임스와 함께 만들어 낸 건축물
- 실내에서 아름다운 도자기와 은식기, 미술품, 가구들로 둘러싸인 18세기 일반적인 가정의 모습을 볼 수 있으며 18세기 뉴 타운의 전형적인 건축물인 조지아 하우스와 17세기 올드 타운의 전형적인 건축물인 글래드스톤 랜드를 비교해 보는 것도 의미 있음
- 내셔널 트러스트 포 스코틀랜드가 복원 리모델링했으며 매년 4만 명 이상의 방문객이 찾는 인기 관광 명소임

• 조지아 하우스 외관*

14. 스코틀랜드 국립 박물관

스코틀랜드에서 가장 인기 있는 역사문화자연박물관

- ▣ National Museum of Scotland. 이전의 왕립 박물관 건물은 1861년에 시작되었고 현대의 스코틀랜드 국립 박물관은 1998년에 개관했음
- ▣ 2006년에 스코틀랜드의 고대, 문화, 역사와 관련한 인접했던 왕립 박물관 소장품들과 합병되어 과학과 기술, 자연사, 세계 문화와 관련된 작품들을 모두 소장함
- ▣ 2018년 기준 연간 2,200만 명이 방문할 정도로 인기 있는 관광명소가 됨
- ▣ 만우절에 적어도 한 번은 장난 전시회를 열며 지질학, 고고학, 자연사, 과학, 기술, 예술, 세계 문화 관련 전시품을 8,000점 이상 소장함

• 스코틀랜드 국립 박물관 외관*

• 스코틀랜드 국립 박물관 홀

출처: www.nms.ac.uk

• 박물관 내 전시물들

출처: www.equinoxaccess.com

15. 스코틀랜드 국립 미술관

스코틀랜드의 대표 미술관

- ▣ Scottish National Gallery. 에든버러 중심부에 위치하며, 1859년에 윌리엄 헨리 플레이페어(Willam Henry Playfair)에 의해 신고전주의 방식으로 설계됨
- ▣ 르네상스에서 포스트 인상주의, 현대미술에 걸쳐 14세기에서 20세기까지의 영국 및 유럽의 미술 작품을 전시함
- ▣ 앨런 램지(Allan Ramsay), 레이번(Henry Raeburn), 윌키(Wilkie) 등 스코틀랜드 대표 예술가들의 작품을 많이 소장함. 라파엘로·렘브란트·모네·고흐·쇠라·벨라스케스·고갱 등의 작품도 소장하고 있음

• 스코틀랜드 국립 미술관*

16. 에든버러 페스티벌 극장

매년 열리는 하계 에든버러 국제 페스티벌의 주요 개최지

- The Edinburgh Festival Theatre. 주로 오페라 및 발레 공연, 대규모 음악 행사 등을 위해 사용되는 공연장
- 1830년 최초 극장이 있었고 지금의 건물은 1892년에 재건설됨
- 1911년 극장이 큰 화재를 겪어 11명이 사망하고 화재 3개월 후 다시 문을 열었음
- 1994년에 지금과 같은 유리 구조로 개조해서 재개관함
- 매년 열리는 하계 에든버러 국제 페스티벌의 주요 개최지 중 하나로 스코틀랜드 오페라와 스코틀랜드 발레단이 공연함

• 에든버러 페스티벌 극장*

17. 엘리펀트 하우스

해리 포터 이야기가 탄생한 카페

- ▣ The Elephant House. 해리 포터의 작가 조앤 롤링이 집필한 곳이라고 하여 유명해진 카페
- ▣ '해리 포터가 탄생한 곳(Birthplace of Harry Potter)'이라고 쓰여진 카페는 토론과 공부를 하는 사람들로 분주하며 이름과 같이 카페 내부에는 코끼리 사진과 액자들이 빼곡하게 있고 해리 포터와 관련된 기념품들도 판매하고 있음
- ▣ 조앤 롤링은 엘리펀트 하우스 이외에도 에든버러의 스푼(Spoon), 트레버스 시어터 카페(Traverse Theatre Cafe), 발모랄 호텔(Balmoral Hotel) 52호에서도 해리 포터를 집필했다 함
- ▣ 롤링은 잠든 딸을 옆에 두고 에든버러 카페와 커피숍에서 많은 글을 썼으며, "내 생각으로는 글쓰기에 가장 좋은 곳이 카페라는 것은 비밀이 아니에요. 커피를 직접 만들 필요도 없고, 독방에 갇힌 기분일 필요도 없고, 쓸 자리가 없으면 일어나서 다음 카페로 걸어가면서 충전하거나 생각할 시간을 가질 수도 있습니다. 최고의 글쓰기 카페는 사람들이 어느 정도 어울릴 만큼 붐비지만 다른 사람과 테이블을 나누어 쓰지 않고 나만이 글을 쓸 수 있는 최소한의 공간만 있으면 되는 곳이지요"라는 말을 남김

• 엘리펀트 하우스 카페 외관

조앤 K. 롤링(《해리 포터》의 작가)

본명	조앤 K. 롤링(Joanne K. Rowling)
필명	조앤 캐슬링 롤링(Joanne Kathleen Rowling) 로버트 갤브레이스(Robert Galbraith)
국적	영국
출생	1965년 7월 31일(2024년 현재 59세) 잉글랜드 글로스터셔 에이트 출생
대표작	해리 포터 시리즈

- 조앤 롤링은《해리 포터》시리즈를 쓴 영국의 작가이며,《해리 포터》시리즈는 1997년 출간되어 2007년까지 10년간 전 7권으로 완간된 판타지 소설로, 67개 언어로 번역되어 4억 5,000만 부 이상이 판매되었음
- 《해리 포터》 시리즈는 '역사상 가장 많이 팔린 베스트셀러 책 시리즈'와 '전 세계에서 가장 많은 수익률을 낸 영화 시리즈'로 기록됨
- 2004년 롤링은 〈포브스〉가 집계한 자산 10억 달러 이상 '세계 최고 부호 클럽'에 합류했으며, 2008년 〈선데이 타임스〉가 발표한 '부자 명단'에서 영국에서 두 번째로 가장 부유한 여성으로 이름을 올림
- 전쟁 및 빈곤과 사회적 불균형을 개선하기 위해 직접 볼란트 자선단체를 설립했으며, 한부모 가정, 기초 수급자 등을 지원하고 있음
- 15세가 되던 해, 어머니가 다발성 증후군 판정을 받았으며, 어머니의 병세와 아버지와의 불화로 인하여 우울한 10대 시기였다고 회고함
- 그녀가 처음 쓴 동화는 여동생을 위하여 만든 〈토끼〉라는 작품으로 내용은 홍역에 걸린 토끼 이야기였음
- 이혼 후 무일푼으로 에든버러에 정착한 조앤 롤링은 미혼모로 정부에서 보조하는 주당 1만 5,000원의 생활 보조금으로 연명함, 에든버러 대학교에서의 연설 당시, 보조금을 받으면서 생활한 그 시기에 '이혼 후 생활고와 가난했던 시절 우울증으로 자살도 생각했었다.'라고 밝힘
- 하버드대 연설에서의 본인의 말을 인용하자면 영국에서 노숙자 다음으로 가장 못살았던 시기라 칭함
- 1995년《해리 포터》발간 이전 12개의 출판사에서 퇴짜를 맞았으나, '크리스토퍼 리틀'에서 영국의 '블룸즈베리 출판사'와 해리 포터 1권의 판권을 계약함. 당시 에피소드로 블룸즈베리 출판사의 편집자가 자신도 읽기 전 8세 아이 '앨리스 뉴턴'이 '어떤 책보다 훨씬 멋지고 재밌다'라고 한 반응을 보고 출판을 결심했다고 함

연도	작가 연대기
1965	7월 31일 잉글랜드 예이트에서 '피터 제임스 롤링'과 '앤 롤링'의 장녀로 태어남
1970	글로스터셔주의 윈터본으로 이사
1975	텃실(Tutshill)로 이사
1977	와이딘 중학교 입학
1980	롤링의 어머니에게 다발성 경화증 증상이 일어남
1982	옥스퍼드 대학 입학 시험 낙제
1983	엑서터 대학교 불문학과 입학
1990	맨체스터에서 런던으로 향하는 열차의 지연 동안 '해리 포터 시리즈' 구상
1990.12	다발성 경화증을 앓던 어머니 별세
1991	포르투갈 포르투에서 영어 교사로 취직
1992.10	포르투갈의 기자 '조지 아란테스'와 결혼
1993.07	딸 '제시카 이사벨 롤링 아란테스(현 제시카 밋퍼드)' 출산
1993.11	남편과의 불화로 인한 이혼 소송 및 에든버러 정착
1994.08	이혼 소송 정리를 위해 포르투갈로 돌아감
1995.08	에든버러 대학교에서 교사 교육 과정 수료
1997.06	해리 포터 시리즈의 첫 작품《해리 포터와 마법사의 돌》출판
1998.07	해리 포터 시리즈의 두 번째 작품《해리 포터와 비밀의 방》출판
1998	영화사 워너 브라더스가 해리 포터 영화 판권 구입
1999.12	해리 포터 시리즈의 세 번째 작품《해리 포터와 아즈카반의 죄수》출판
2000.07	해리 포터 시리즈의 네 번째 작품《해리 포터와 불의 잔》영미 동시 출판 대영 제국 훈장 4등급(OBE) 수여받음
2003	해리 포터 시리즈의 다섯 번째 작품《해리 포터와 불사조 기사단》출판
2006.07	해리 포터 시리즈의 여섯 번째 작품《해리 포터와 혼혈 왕자》출판 영국 도서상 시상식에서 '올해의 책 상' 시상작 선정 출시 직후, 24시간 만에 900만 부 판매
2007.07	해리 포터 시리즈의 마지막 작품《해리 포터와 죽음의 성물》출판 출판월 당시 기존 시리즈들과 비교해 가장 빠르게 판매된 책

18. 미도우 공원

에든버러 남쪽에 있는 대형 공공 공원

▣ The Meadows. 원래 미도우 공원 부지는 호수였지만 1700년대에 배수하고 그곳에 공원을 만들었음

▣ 에든버러에서 가장 큰 공원 중 하나로 63ac(약 7만 7,000평) 면적으로 매력적인 가로수길, 소풍지, 스포츠 시설이 있는 개방된 공간

▣ 원래는 동물이 돌아다닐 정도로 개발이 되지 않았지만 19세기 중반부터 새로운 길이 더해지면서 공원으로 쓰임

▣ 공원은 마라톤 대회, 축제, 집회소, 서커스단 등 대형 행사 주최 장소로 쓰임

• 미도우 공원 전경

출처: themeadowsofedinburgh.co.uk

19. 포스 브리지

유네스코 세계 문화 유산에 등재된 최초의 강철 소재 철도 교량

- ▣ Forth Bridge. 최초의 강철 소재 교량으로 스코틀랜드의 랜드마크. 1890년 완공되었으며 1889년 완공된 파리 에펠 탑과 함께 19세기를 대표하는 강철 구조물임
- ▣ 한쪽 끝은 고정되고 다른쪽 끝은 자유로운 구조물로서 고정되어 있는 곳에 강한 지지력을 갖게 해서 무게 중심을 잡는 형식인 캔틸레버식(Cantilever)과 다리의 하중을 견디도록 삼각형 구조로 철근을 엮은 트러스교(Truss) 형식의 철교임
- ▣ 총 길이는 8,094ft(2,467m). 하루에 190~200대의 열차가 다니며 고속열차는 시속 80km, 일반 여객열차는 시속 64km, 화물열차의 경우 시속 48km임

• 포스 다리 외관

20. 글라미스성

스코틀랜드의 가장 아름다운 성

- ▣ Glamis Castle. 에든버러 북부 앵거스(Angus)에 위치, 존 리온(John Lyon)경이 로버트 2세로부터 1372년 하사받고 로버트 2세의 딸 조앤나 공주와 결혼한 1376년부터 여러 스코틀랜드와 영국 왕족이 방문하기 시작함
- ▣ 엘리자베스 여왕이 소녀 시절을 보내고, 마거릿 공주가 태어난 곳이며 셰익스피어의 4대 비극 중 하나인 〈맥베스〉의 무대가 되기도 했던 곳으로 유령이 나온다는 성으로도 유명함
- ▣ 1987년 이후 스코틀랜드 왕립은행 발행 10파운드 지폐 뒷면에 성의 삽화가 있음

• 글라미스성 외관 출처: pxhere.com

21. 하드리안 벽

스코틀랜드의 침입을 막기 위한 113km 길이의 성벽

- Hadrian's Wall. 서기 112년에 브리튼섬을 가로질러 로마 하드리아누스 황제의 방어 정책 중 하나로 로마 제국의 북서쪽 경계에 축조됨
- 성벽은 뉴캐슬에서 솔웨이만까지 동쪽에서 서쪽으로 약 113km 길이로 성벽의 폭과 높이는 근처에서 구할 수 있는 건축 자재마다 달라서 다양하며 일반적으로 폭은 약 3~6m, 높이는 3~6m임
- 방위와 주거 시설을 겸했으며 383년 로마 군대가 철수하자 17세기 초까지 스코틀랜드의 침입에 대비한 방벽으로 잉글랜드가 사용했음
- 영국의 문화적 아이콘으로 여겨지는 하드리안 성벽은 영국의 주요 고대 관광명소 중 하나이며, 1987년 유네스코 세계문화유산으로 지정되었음

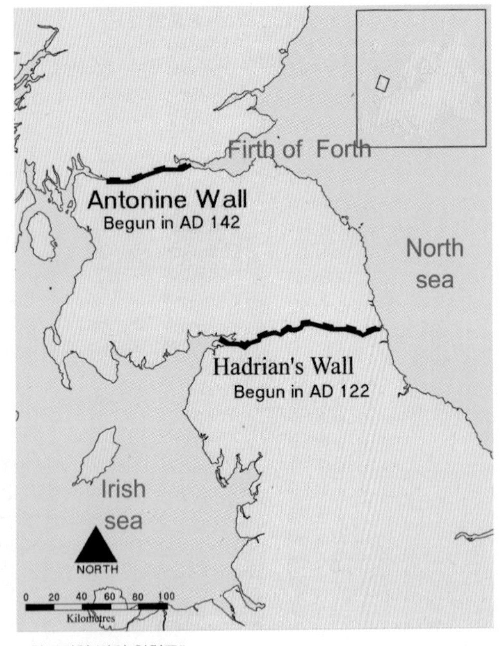

• 하드리안 벽의 위치도*

• 하드리안 벽 전경

출처: www.shutterstock.com

• 하드리안 벽을 이루고 있는 바위들*

22. 로즐린 성당

영화 〈다빈치 코드〉를 촬영한 스코틀랜드의 예배당

- ▣ Rosslyn Chapel. 15세기 중반 로즐린 글렌 지역에 성 매튜의 카톨릭 대학 예배당으로 설립됨
- ▣ 2003년 세계적인 작가 댄 브라운(Dan Brown)이 발표한 소설 《다빈치 코드》로 인해서 세계적으로 유명해지고 2006년 톰 행크스 주연의 영화가 제작 촬영됨

  ※ 소설에서는 잃어버린 성배를 찾을 수 있는 암호가 로즐린 성당에 숨겨져 있는 것으로 나옴
- ▣ 예배당은 수년에 걸쳐 관광지로서의 개관을 위해 보존 프로그램을 진행하여 2011년 완전히 복원됨

• 로즐린 성당 출처: www.rosslynchapel.com

4

글래스고

1. 글래스고 개황

1) 개요

<table>
<tr><td>면적</td><td>175.5km²</td></tr>
<tr><td>인구</td><td>63만 5,000명(2023년)
- 도시 광역권 180만 명과 인근 서북쪽 스트래스클라이드(Strathclyde)지역의 광역권까지 포함하면 스코틀랜드 인구의 절반이 넘는 260만 명을 차지함</td></tr>
<tr><td>위치
(영국의 북서부
스코틀랜드 서해안)</td><td>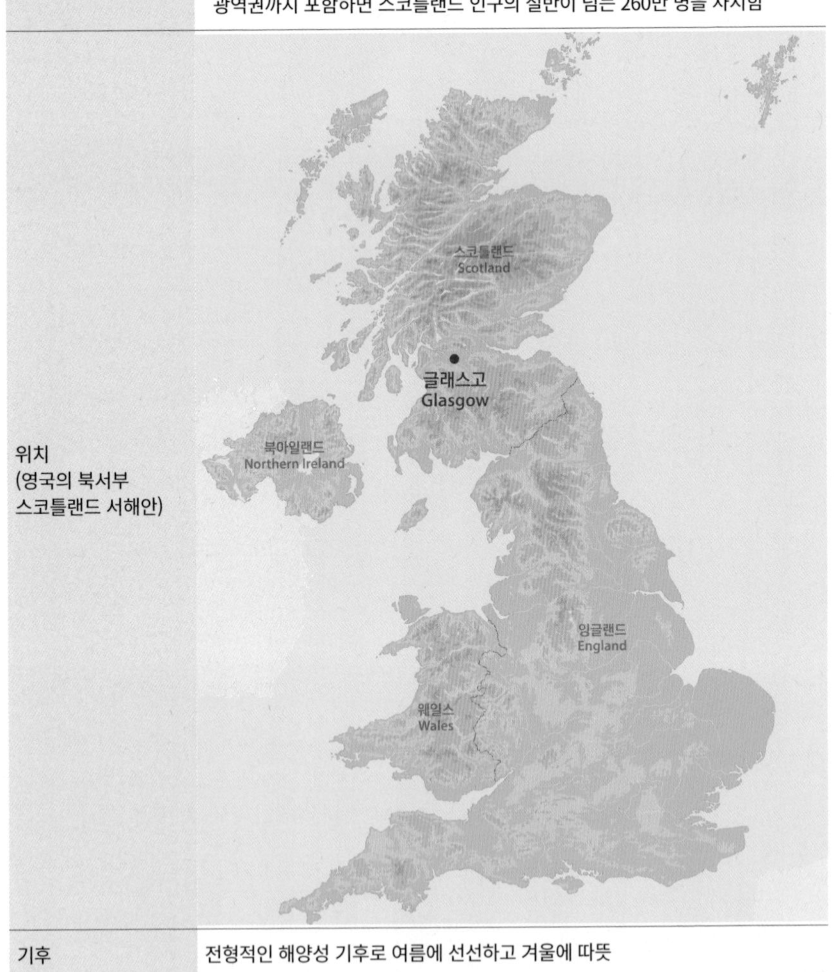
</td></tr>
<tr><td>기후</td><td>전형적인 해양성 기후로 여름에 선선하고 겨울에 따뜻</td></tr>
</table>

▣ 글래스고 시내 지도

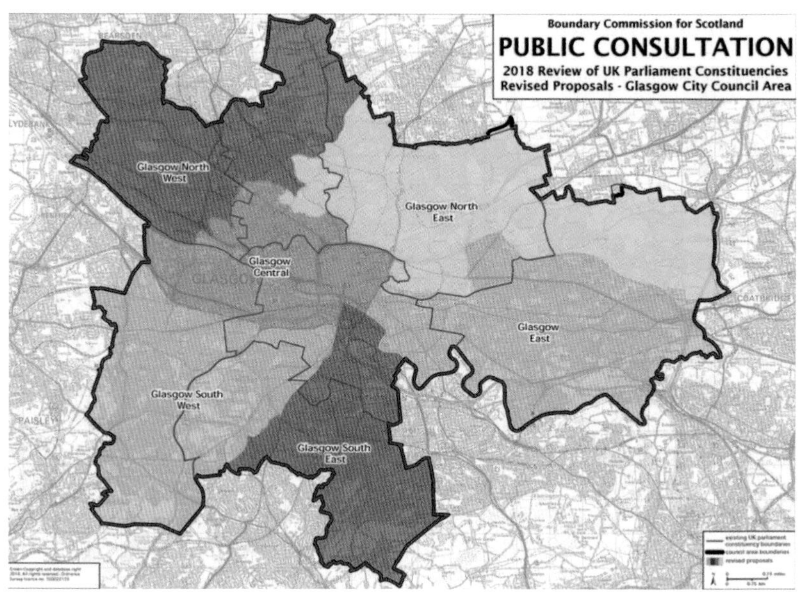

출처: bbc.co.uk

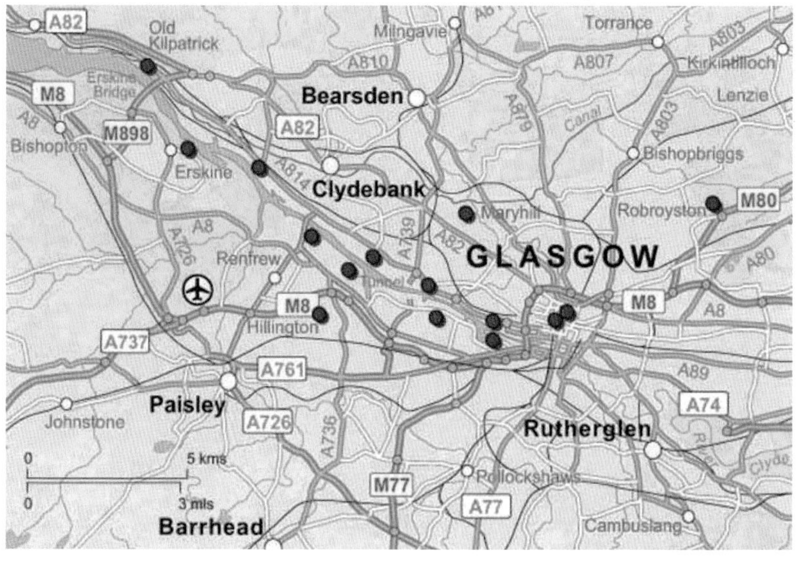

출처: mapsof.net

▣ 글래스고 시내 중심 지도

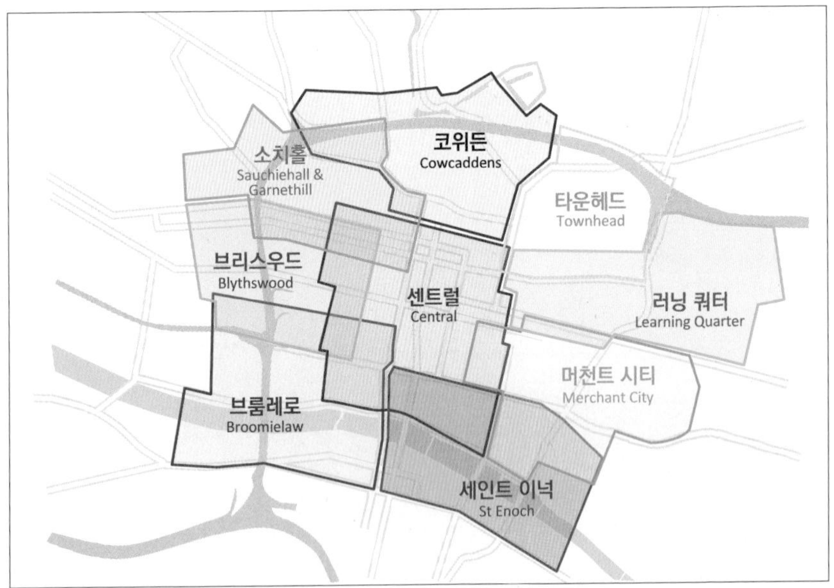

출처: glasgow.gov.uk/

▣ 주요 특징(People make Glasgow)

출처: commonspace.scot

- ‘글래스고(Glasgow)’는 게일어로 ‘디어 그린 플레이스(dear green place)’를 의미하는 ‘글라슈(Glaschu)’에서 유래
- 스코틀랜드 서부 중앙 저지대로 흐르는 클라이드강을 배경으로 발달한 스코틀랜드 최대의 항구 도시로 영국 본토 내에서 런던과 버밍엄, 리즈에 이어 네 번째로 큰 도시
- 따뜻한 기후와 해상교통의 발달로 선사시대부터 교역의 중심지
- 작은 어촌에서 시작하여 17세기 북미 대륙과 담배, 설탕, 면 등을 독점 교역하고 18세기 서인도제도와의 교역으로 도시 경제의 안정적인 발전을 이룩하며 19세기 초 산업혁명이 본격화되면서 면 및 섬유, 화학, 유리, 종이 및 비누 등의 새로운 공업 도시로 발돋움함
- 19세기 중후반부터 20세기 초까지 조선 및 중공업으로 명성을 떨쳤으며 유럽에서 가장 부유하고 멋진 도시 중의 하나이며 잘 조직화된 산업사회의 표본 도시
- 1960년대 이후 경기 침체와 제조업의 쇠퇴가 이어지자 1980년대부터 적극적인 도시 재생을 추진하여 창조 도시, 문화 도시, 건축 디자인 등으로 세계 문화도시로 성장
- 에든버러가 스코틀랜드의 행정수도라면 글래스고는 스코틀랜드 상업의 수도
- 영국에서 런던과 에든버러 다음으로 3번째로 관광객이 많은 도시로, 연간 300만 명의 관광객 방문
- 스코틀랜드의 수도 에든버러와 서부지방 사이에 자리 잡은 유리한 입지로 인해 상업의 중심지로 성장함. 런던 다음으로 경제적으로 중요한 상업 및 소매의 중심지이면서 공업 도시
- 건축계의 이단아로 미술공예운동을 주도한 아르누보 양식의 거장 찰스 레니 매킨토시, 증기 기관을 발명한 제임스 와트, 국부론을 주장한 자본주의 경제학의 아버지 애덤 스미스의 고향이자 예술 및 학문의 도시로 유명
- 2013년 록펠러재단이 만든 100 RESILIENT CITIES(미래성장도시)로 선정됨

▣ 약사

연도	역사 내용
550년경	세인트 멍고(Saint Mungo, 글래스고 수호자, 성인)가 교회를 세우면서 도시가 발달
1136	글래스고 대성당 건립
1350	클라이드강을 가로지르는 최초의 석조 교량 건설
1450	1450년 제임스 2세(1437~60)가 왕실 자치도시(Royal Burgh)로 승격
1451	글래스고 대학교(University of Glasgow) 설립
16세기	클라이드강을 통한 무역 전개
1707	스코틀랜드와 잉글랜드 합병
1770년대	클라이드강의 준설로 대형 선박이 도시 내까지 접근 가능(무역 여건 개선) 설탕, 담배, 면화, 공산품 등에서 아메리카 대륙을 오가는 국제 무역의 거점으로 성장
1780	섬유와 화학산업의 발달, 산업혁명의 시작을 알림
1811	런던에 이어 두 번째로 큰 도시로 성장
1890년대	철광, 조선 산업의 발전 등으로 제2의 제국 도시로 성장 영국의 절반 이상의 선박과 전 세계 25%의 기관차를 생산
1896	지하철 개통
1888, 1901, 1911	켈빈그로브 공원 국제 전시회 개최
1901	글래스고 박물관 미술관 개관
1945	1, 2차 세계대전 후 방사형 도로망과 저밀도 주거 및 산업단지 계획 브루스 재생계획(Bruce Plan) 수립
1951	29개의 재개발 지역을 시 개발 계획으로 지정
1957	고층 주택 최초 건설
1975	래너크주의 작은 부분을 포함하도록 행정구역 개편
1976	동 글래스고 재개발 사업 시작
1983	여왕이 폴록(Pollok) 공원에서 버렐(Burrell) 예술 전시회 개최
1990	유럽 문화의 수도로 지정되며 로열 콘서트홀 개관
2000	글래스고 과학 센터 개관, 도시 조명 경관 산업 시작
2014	영국연방 국제스포츠 게임 개최

▣ 문화 및 예술

- 컬링(스코틀랜드가 발생지임), 오페라, 축구, 미술 감상 등 다양한 문화 활동을 위한 많은 편의시설을 보유

- 20개 이상의 박물관과 미술관, 유럽에서 가장 큰 도서관(The Mitchell Library)
- 켈빈그로브 미술관 박물관에는 네덜란드, 이탈리아, 프랑스 인상파 화가, 스코틀랜드 색채주의자, 글래스고 보이즈를 포함한 유명한 미술 작품과 그림이 소장되어 있으며 글래스고 대학의 헌터 미술관에는 휘슬러 그림 중 세계 최고 소장품이 있고 윌리엄 버렐 경이 이 도시에 기증한 국제 예술과 고미술품들의 버렐 컬렉션은 폴록 컨트리 파크의 한 박물관에 소장되어 있음
- 글래스고 그린에 있는 인민 궁전 박물관은 글래스고의 노동자 계층에 초점을 맞추어 도시와 그 사람들의 역사를 반영하고 있으며 클라이드에 있는 리버사이드 박물관은 운송, 운송, 도시 생활에 초점을 맞추고 있음
- 찰스 레니 매킨토시가 디자인한 글래스고 미술학교는 퍼시픽 퀘이의 클라이드강 건너편에 있는 디지털 디자인 스튜디오를 포함하여 예술, 디자인, 건축 분야의 선도적 역할을 담당하며 현대 미술관은 조지 광장 바로 옆 왕립 교류 광장에 위치함
- 2009년 글래스고는 활기찬 라이브 음악 장면과 그 뛰어난 유산을 인정받아 유네스코 창조적 음악 도시라는 칭호를 받음

▣ 경제 현황

- 글래스고는 스코틀랜드에서 가장 큰 도시 경제의 중심에 있으며 영국에서 가장 빠르게 성장하는 도시 중 하나로 강력한 경제 성장과 다양한 사업 부문의 지속적인 발전을 활용하여 영국에서 런던과 에든버러 다음 세 번째로 1인당 GDP가 높음
- 4만 8,000여 개 사업체(스코틀랜드 기업의 28%)가 글래스고에 자리 잡고 있어 일자리 85만 6,000개(스코틀랜드 전체의 34%)를 창출하고 있음
- 글래스고의 연간 경제성장률은 4.4%.
- 글래스고는 과거 영국의 제조업에서 가장 중요한 도시들 중 하나로 도시의 부를 많이 창출해 왔는데 가장 두드러진 산업은 클라이드강에 기반을 둔 조선업과 1960년대 쇠퇴하기 전 19세기 동안 성장했던 북영국 로코모티브 컴퍼니 같은 기업들이 주도하는 기관차 건설 산업이었음

- 제조업은 감소했지만 글래스고의 경제는 금융 및 기업 서비스, 통신, 생명공학, 창조 산업, 의료, 고등 교육, 소매업, 관광 등과 같은 제3차 산업에서 상당한 상대적 성장을 보임
- 주요 제조업은 조선, 엔지니어링, 건설, 양조 및 증류, 인쇄 및 출판, 화학 및 섬유, 광전자, 소프트웨어 개발 및 생명공학과 같은 새로운 성장 분야와 관련된 기업들이며 에든버러와 함께 스코틀랜드의 실리콘 글렌 첨단 기술 부문의 서부를 형성함
- 2016년에 시작된 현재의 글래스고 경제 전략(Glasgow Economic Strategy) 계획은 2023년까지 글래스고를 영국에서 가장 생산적인 주요 도시 경제로 만드는 것을 목표로 하고 있음

▣ 인구

- 글래스고의 인구는 63만 5,000명이며 글래스고 광역권을 포함한 인구는 180만 명으로 스코틀랜드 전체 인구의 30%를 차지함
- 글래스고의 인구는 영국의 나머지 지역에 비해 상대적으로 젊은 편이며 인구의 70% 이상이 16세부터 64세까지인 경제 활동 인구

2) 도시 개요

▣ 도시 역사

- 로마 제국 시대에 켈트인, 픽트인이 거주했으며 브리타니아와 칼레도니아 사이에 요새를 건립
- 15세기 말 학문의 중심지 및 종교 생활의 중심지로 자리 잡음
- 17세기 중반 열대 농산물인 담배, 설탕, 럼 등 무역 활발(당시 담배의 수입 물량, 북미대륙 담배 수확량의 절반 이상 차지)
- 18세기 북미대륙과 교역하는 무역 상인이 등장, 담배, 설탕, 면 등 교역
- 1707년 잉글랜드와 스코틀랜드의 합병 뒤 영국 식민지와의 자유 무역권이 부여된 후 부터 미국과의 담배 무역으로 번영하면서 대서양 무역의 거점 도시로 번영

- 1770년대 클라이드강 준설로 대형 선박이 도시 내까지 접근하며 무역 여건 개선
- 1775년 미국의 독립으로 많은 상인이 서인도제도로 교역처를 변경
- 19세기 초 산업혁명이 본격화되면서 새로운 생산업자들이 등장, 면 및 섬유, 화학, 유리, 종이 및 비누 제조업 등의 공업으로 사업을 확장하면서 글래스고가 새로운 공업 도시로 발돋움
- 1861년 미국의 남북전쟁과 맨체스터의 면공업 발달로 산업 구조의 조정, 조선, 기관차 제조업, 기타 중공업 등에 주력, 1900년대에는 공업 생산 최고조
- 19세기 중후반부터 20세기 초, 조선 및 중공업으로 명성을 떨치며 유럽에서 가장 부유하고 멋진 도시 중의 하나이며 잘 조직화된 산업사회의 표본도시
- 1896년에는 지하철이 개통되고, 1881년과 1901년에는 대규모 박람회를 개최하여 급격한 도시의 발전
  · 공공건물, 박물관, 미술관, 기념관, 관람장, 전시장, 도서관, 공원 등 많은 빅토리아풍의 건축물을 건립하고 오픈 스페이스를 확보함
- 제2차 세계대전 종전 이후 도시 정비에 착수, 1945년에는 방사형 도로망과 저밀도 주거 그리고 새로운 산업 입지를 제안하는 브루스 계획(Bruce Plan) 마련
- 1951년 29개의 재개발지역을 시 개발계획(City Development Plan)으로 지정
- 1957년 주택 및 도시개발법에 의해 고층주택 최초 건설
- 1960년대에 들어서면서 해외의 값싼 노동력으로 공업이 침체하며 인구가 급격히 감소함
- 1960년 교외 전철망(suburban electrified rail network) 개통
- 1962년 전차(tram cars) 서비스 중단
- 1965년 간선 도로망 계획(Highway Plan) 수립
- 1980년대 중반 양질의 산업 입지 및 사업 입지 공급, 서비스 지원 기반 시설에 대한 투자 확대 등 새로운 투자 유치를 위한 여건을 조성하여 새로운 도시 경제 환경 구축

- 1971년 작성된 도시 보전을 위한 보고서(Lord Esher)에서 빈민가(slum) 정리 강조
- 1972년 도심 번화가인 뷰캐넌 스트리트(Buchanan Street)가 보행자 전용거리로 바뀜
- 1976년 동(東)글래스고 지역에 대한 재개발 사업 시작
- 1983년 글래스고 마일스 베터(Glasgow's Miles Better) 예술축제 시작
- 1985년 글래스고 액션(Glasgow Action)이라는 도시 관광 활성화를 위한 관민 합작 기관 설립
- 1991년 글래스고 개발청(Glasgow Development Agency) 설립, '글래스고 얼라이브(Glasgow's Alive)' 등의 캠페인을 통해 도시 활성화 사업을 본격적으로 추진
- 1993년 글래스고 재생연합회(Glasgow Regeneration Alliance) 결성
- 2000년 민간 합작 투자 개발 허가
- 2000년 도시 조명 경관 사업 시작, 빛의 도시 글래스고
- 2001년 9만 가구 주택 개발, 글래스고 항구 마스터 플랜 수립
- 2004년 글래스고:스코틀랜드 위드 스타일(Glasgow: Scotland with style) 브랜드 도시화 선포
- 2006년 글래스고 항구 주거 지역 개발 1단계 완료

3) 도시 지역 개발 계획

▣ 지속가능하고 번영하는 도시 지역 개발 계획 수립
(Glasgow City Development Plan. 2017)

- 거주하고, 일하고, 즐길 수 있는 삶의 질을 높이고 친환경적 도시를 만들어 지속가능한 도시 성장을 목표로 함

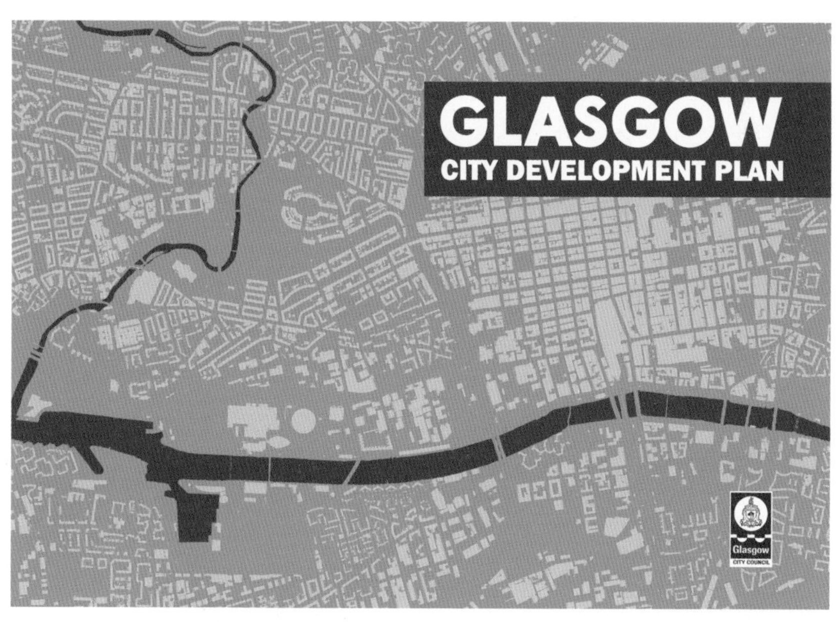

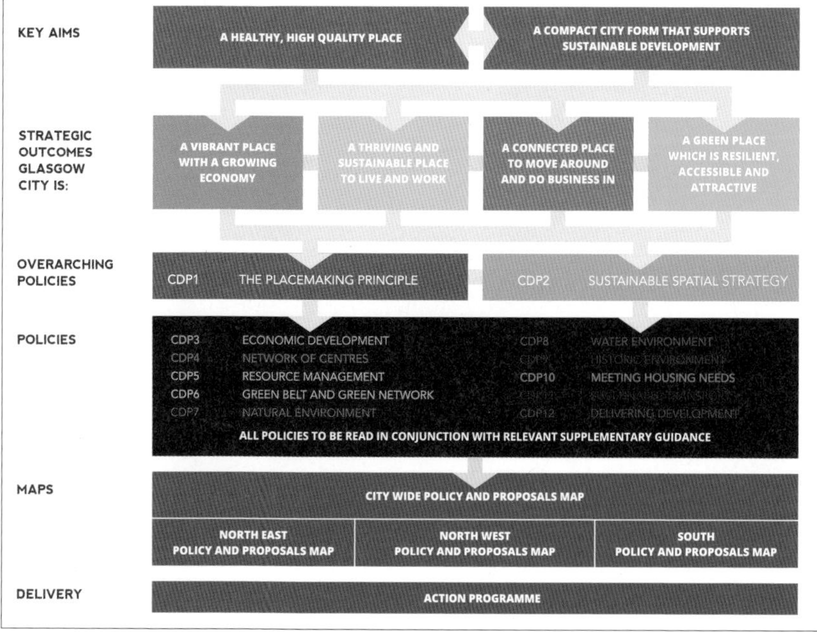

• 글래스고 도시 개발 계획

출처: glasgow.gov.uk

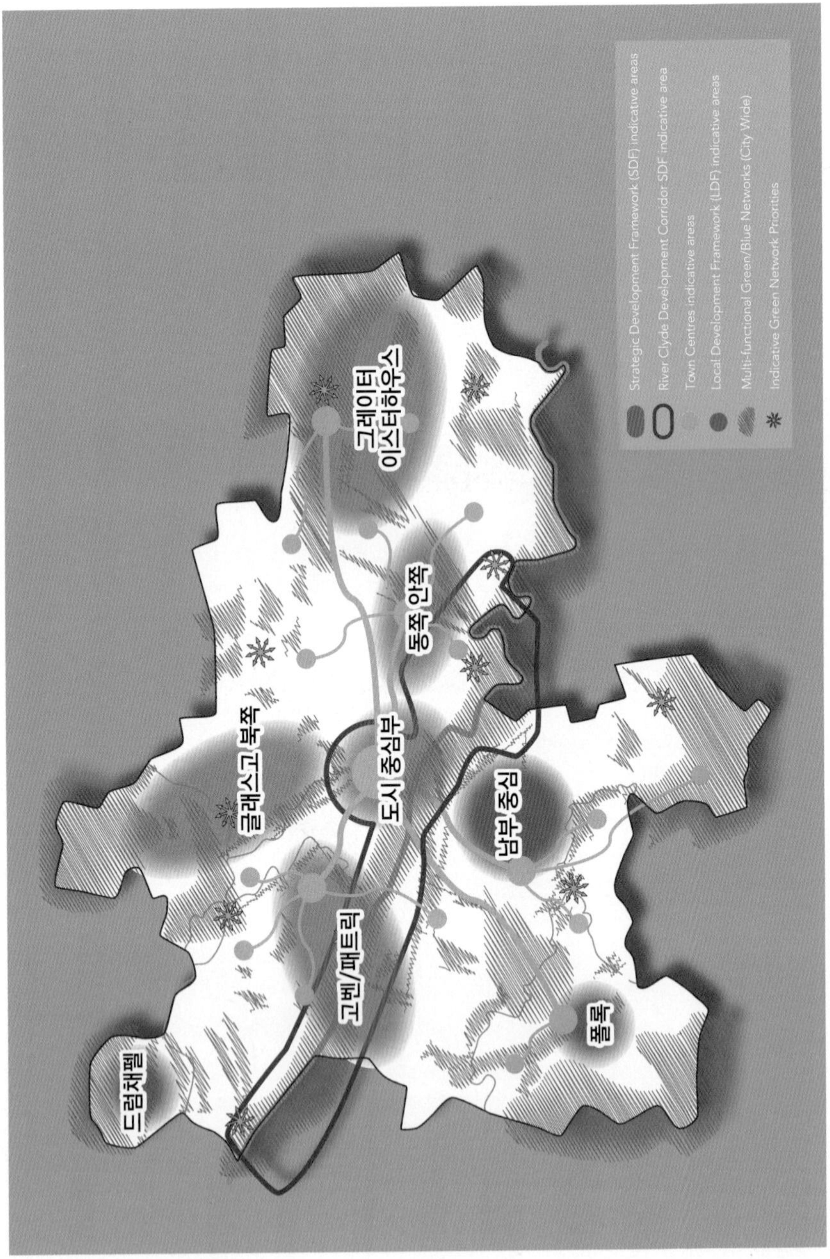

• 글래스고 지속가능 개발 전략

출처: glasgow city plan

애덤 스미스 – 고전 경제학의 아버지(1723~1790년)

(1) 인물 개요

• 애덤스미스 초상화*

- ▣ Adam Smith. 스코틀랜드 출신의 정치경제학자이자 윤리철학자로, 후대의 여러 분야에 큰 영향을 미친 《국부론》의 저자
- ▣ 고전경제학의 대표적인 이론가로, 고전경제학의 아버지로 여겨지며 자본주의와 자유무역에 대한 이론적 심화를 제공
- ▣ 자유로운 시장경제를 통한 자유무역과 노동 분업이 왕이나 군주보다는 보통 사람들에게 도움을 줄 것이라고 확신하며, 당시의 중앙 계획 경제 체제에서는 정치, 권력이 경제적 지위를 결정하는 데 반해 시장경제는 가난한 사람들도 부자가 될 수 있다고 주장함

(2) 생애

- ▣ 1723년 스코틀랜드 커크칼디의 세무 관리인의 아들로 태어난 애덤 스미스는 14살에 글래스고 대학에 입학하여 윤리철학을 공부
- ▣ 1740년 옥스퍼드 대학에 장학생으로 입학했으나 1746년 자퇴
- ▣ 1748년 에든버러에서 공개 강의를 하게 되었고, 강의에 대한 호평이 계기가 되어 1751년 글래스고 대학 논리학 강좌 교수로 재직

■ 1759년 유럽에 명성을 떨치게 된 〈도덕감정론〉 발표

※ 〈도덕감정론〉: 윤리학에 관해 총 7장으로 구성된 책으로, 도덕이 시민사회의 질서의 원리라는 내용을 담고 있음

■ 1764년 귀족의 가정교사로서 2년에 걸쳐 프랑스 등지를 여행하며 여러 나라의 행정 조직 시찰, 중농주의 사상과 이론을 흡수, 1776년 〈국부론〉을 발표

※ 〈국부론〉: 국가가 여러 경제 활동에 간섭하지 않는 자유 경쟁 상태에서도 '보이지 않는 손'에 의해 사회의 질서가 유지되고 발전된다고 주장한 책으로, 경제학 사상 최초의 체계적 저서로 그 후의 여러 학설의 바탕이 된 고전 서적이 됨

■ 1778년 스코틀랜드의 관세위원이 되고, 1787년 글래스고 대학 학장을 지냄

찰스 레니 매킨토시 – 아르누보의 거장 건축가(1868~1928년)

(1) 인물 개요

■ Charles Rennie Mackintosh. 글래스고에서 태어난 스코틀랜드의 건축가, 디자이너, 수채화가, 예술가, 상징주의자. 그의 작품은 아내 마거릿 맥도날드와 함께 아르누보, 세션주의 등의 유럽 디자인 운동에 영향을 미쳤으며 요제프 호프만과 같은 위대한 현대주의자들의 찬사를 받음

• 찰스 레니 매킨토시*

- 전 세계 건축학도들이 글래스고에 가고 싶은 이유 중의 하나가 매킨토시의 작품 때문이며 빛, 재료, 가구 등 실내 공간을 구성하는 모든 요소를 총체적으로 연출하며 예술적 모티브를 사용하여 양질의 주거예술을 창조
- 스페인 바르셀로나에 가우디가 있다면 스코틀랜드 글래스고엔 매키토시가 있다고 할 정도로 18세기 건축 양식에 반기를 들고 직선적인 공간과 식물을 모티브로 한 곡선 장식의 아르누보 양식을 선보임
- 맥도날드(Frances MaacDonald), 제임스 허버트 멕네어(James Herbert McNair)와 함께 '4인 그룹(The Four)'을 결성하고 예술 활동을 펼침
- 1890년에는 인테리어에 흥미를 가져 가구 디자이너인 고드윈(E. W. Godwin. 1833~1886)과 화가 휘슬러(J. Whistler, 1834~1903)의 영향을 받아 가구 디자이너로 활약함. 특히 의자에 있어서는 고딕 양식을 근대화시켜 구조 및 장식의 의자 등받이가 높은 다이닝 체어를 제작함
- 건축가로서 성공했음에도 불구하고 예술가로 인정받기를 더 원했으며 좋은 디자인은 오직 창의적인 사람들에 의해 수공으로만 이루어진다고 주장함

(2) 대표적 작품

- 글래스고 예술 대학(Glasgow School of Art)
- 예술가의 집(House for an Art Lover)
- 퀸즈 크로스 교회(Queen's Cross Church)
- 윌로우 티 룸(Willow Tea Rooms)
- 매킨토시 하우스(Mackintosh House)
- 힐 하우스(Hill House) 사다리 의자

2. 도시 재생

1) 도시 재생 역사

▣ 글래스고의 도시 재생 및 개발은 제2차 세계대전 이후 1945년부터 본격적으로 시작된 도시 정비가 발단

- 방사형 도로망과 저밀도 주거, 새로운 산업 입지를 제안하는 브루스 계획(Bruce Plan)이 마련됨

(1) 1951년: 29개의 재개발 지역이 시 개발 계획으로 지정되어 개발

(2) 1960년대: 글래스고의 전통적 산업이었던 중공업 점차 침체, 인구 감소

(3) 1970년대: 본격적인 도시 환경 정비 및 개선 필요성 대두

- 1971년 도시 보전 보고서를 통해 슬럼 정비를 제고
- 1972년 도심 번화가인 뷰캐넌 스트리트의 보행자 전용 거리화
- 1976년 도심부 공공임대주택단지 재개발 계획인 the GEAR(Glasgow Eastern Area Renewal) 프로젝트 추진

(4) 1980년대: 도시의 쇄신과 활성화를 위한 노력 지속

- 1980년 도시 경제개발계획 제시
- 1982년 도심 내 주거 기능 도입 본격화(도심내 스코티시 컨벤션 센터〔Scottish Exhibition and Conference Centre〕, 프린스 스퀘어 쇼핑 센터〔Princes Square Shopping Centre〕, 이녹 센터〔St Enoch Centre〕, 교통박물관〔New Museum of Transport〕 등의 건설을 통해 도시 활성화)
- 1980년대 초반 적극적인 관민 합동으로 다양한 지역 활성화 노력을 재개함
- 1983년 시장이 '글래스고스 마일스 베터(Glasgow's Miles Better)'라는 슬로건과 함께 예술 축제(arts festival), 오월 축제(Mayfeast) 개최 시작

- 1985년 '글래스고 액션'이라는 관민 합작 기관을 설립, 도시 중심부를 홍보하고 도시 관광 활성화
- 1985년 전시 컨벤션 센터 개관, 합창제, 재즈 음악 축제, 무용제 등을 개최
- 1987년 시 정부에서 축제 담당 부서 조직
- 1988년 가든 축제(Garden Festival)를 개최, 글래스고 미술관 맞은편에 대규모 교통 박물관을 이전시켜 도시 관광의 매력 극대화

(5) 1990년대: 지역 개발 기구 확대·정비

- 1990년 유럽 문화도시(European City of Culture)로 지정(연중 이어지는 도시 이벤트 축제와 박물관, 미술관의 다양한 전시프로그램)
- 1990년 659만 명의 관광객 유치(74%는 박물관, 미술관 방문, 26%는 콘서트홀 방문)
- 1991년 글래스고 개발청(Glasgow Development Agency) 설립, '글래스고스 얼라이브(Glasgow's Alive)' 등의 캠페인을 통해 도시 활성화 사업을 본격적으로 추진
- 1993년 글래스고 재생연합회(Glasgow Regeneration Alliance) 결성
- 1999년 '영국 건축 및 설계의 도시 상'을 수상(문화·관광 등의 도시 내 서비스업 발전을 위한 노력 지속)
- 글래스고 왕립 콘서트홀(Glasgow Royal Concert Hall), 뷰캐넌 쇼핑 센터(Buchanan Galleries Shopping Center) 등을 건설하며 도시 활성화
- 2000년 민간 합작 투자 개발 허가
- 2000년 도시 조명 경관 사업 시작, 빛의 도시 글래스고
- 2001년 9만 가구 주택 개발, 글래스고 항구 마스터 플랜 수립
- 2004년 Glasgow: Scotland with style 브랜드 도시화 선포
- 2006년 글래스고 항구 주거 지역 개발 1단계 완료

■ 글래스고의 도시 재생 및 개발 시대별 연표

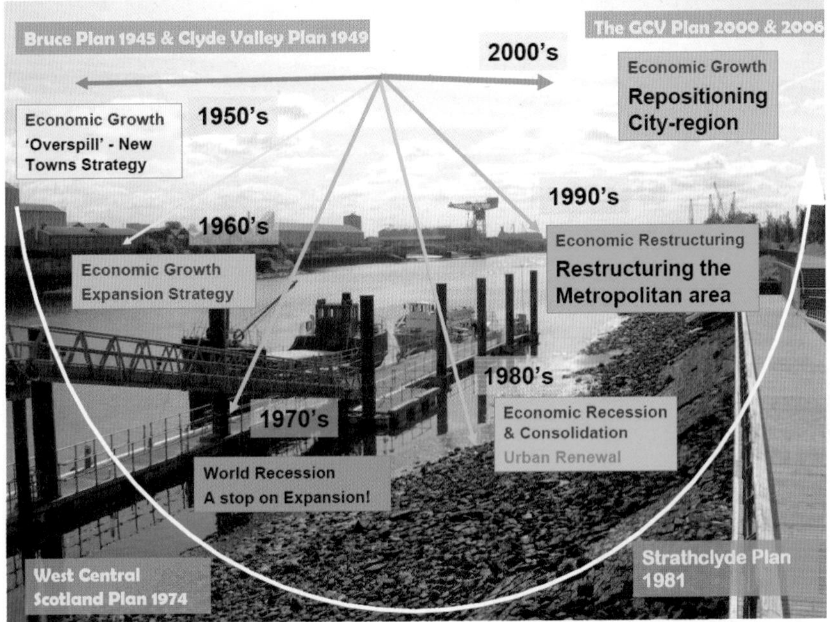

2) 도시 재생 주요 내용

■ 도시 재생을 위한 경제, 사회, 문화, 예술 기반 조성

- 도시 생활 환경의 심각한 낙후 해소 필요성 대두
- 1976년 도심부 공공 임대 주택 단지 재개발 계획인 the GEAR(Glasgow Eastern Area Renewal) 프로젝트를 통해 주거 환경 개선 추진

■ 머천트 시티(Merchant City) 도시 활성화 계획

- 머천트 시티는 중심업무지역(CBD)으로 글래스고의 경제 사회 발전을 주도하던 도시였으나 지역 기반 산업의 몰락, 부적절한 도로 체계로 인한 교통 정체, 정주 인구의 부재, 지역 건물들의 노후 및 방치 등으로 쇠퇴가 심각(도시 전반에 낮에만 유동성이 있고 저녁에는 인구 감소의 인구 공동화 현상 초래)
- 1981년 특별계획지구(Special Project Area)로 지정
- SDA(The Scottish Development Agency)와 GDC(Glasgow District Council)는

노후 건물을 주거용으로 개조하는 데 필요한 재원을 지원
- 1988년까지 머천트 시티 내에 1,964개의 주택 공급
- 비영리 단체인 글래스고 액션을 결성, 머천트 시티를 포함한 글래스고 중심부의 낙후된 중공업 건물 철거 후 교통 시스템 및 도로 시스템을 새롭게 했으며 치안을 확보하는 등 지역 환경의 쾌적성을 향상시킴

▣ 도시 재생을 위한 새로운 도시 이미지 확립 단계
- 머천트 시티 재개발 계획에도 불구하고 여전히 존재하는 기존의 부정적인 이미지 개선을 위한 방안으로 문화와 예술을 적극적으로 활용하는 문화 도시 전략이 거론됨
- 1983년 뷰렐 컬렉션(Burrell Collection)의 개장과 함께 문화 예술 자원을 재정비하여 새로운 문화 도시 이미지를 구축하려는 계획 추진
- 1986년 영연방을 대표하는 도시로 선정
- 1988년 글래스고 가든 페스티벌(Glasgow Garden Festival)을 성공적으로 개최
- 1990년 글래스고에 유럽 문화 도시를 유치하고자 한 GDC의 노력으로 유럽 문화 도시(the European City of Culture)로 선정
- GDC는 글래스고의 문화 예술 사업을 지원하며 문화 예술 관련 시설(the Gallery of Modern Art, The Glasgow Royal Concert Hall, The Museum of Transport 등)을 건립

▣ 도시 재생 발전 단계
- 1990년 스코틀랜드 정부는 문화 도시 행사의 편익을 극대화하기 위해 the SDA를 스코티시 엔터프라이즈(Scottish Enterprise)로 확대 개편
- 1991년 글래스고가 스코티시 엔터프라이즈의 산하 조직인 글래스고 개발청(Glasgow Development Agency, GDA) 설립, 문화 도시 행사 이후의 발전 계획 추진

※ 글래스고 개발청(GDA): 지속적인 발전을 거듭하는 글래스고, '글래스고 얼라이브(Glasgow's alive)'라는 도시 홍보를 통해 영연방 북부의 관광, 금융, 쇼핑 등의 서비스업 중심지로 정착을 꾀함

- 1980년 말 침체 지역 내수시장 활성화를 도모하기 위해 프린스 스퀘어 쇼핑

센터(Princes Square Shopping Center, 1987)와 스코틀랜드에서 가장 큰 규모의 단일 건물인 뷰캐넌 갤러리스 쇼핑 센터(Buchanan Galleries Shopping Center, 1999)를 건설, 글래스고를 관광과 쇼핑이 동시에 가능한 도시로 만들어 영연방 내에서 두 번째로 큰 소매업 시장을 형성함

- 산업 구조 다변화를 위해 새로운 기업을 유치하여 영화, 음악, 디자인, 컴퓨터 소프트웨어 분야 등에서 고용을 증대시키는 등 문화 산업의 성장 촉진
- 서비스 산업, 첨단 산업의 확대로 통신 및 금융 서비스, 생명과학 분야의 성장

▣ 관광 개발 계획 2002/2007을 통한 지역 활성화 도모

- 2002년부터 2차 6개년 관광 개발계획(2002~2007)을 수립하여 시행(목표: 세계 관광 시장에서의 경쟁력 확보를 통한 글래스고의 역동성 유지 및 지역 경제 활성화)

(1) 관광 인프라의 양적 질적 정비

- 새로운 관광 상품 개발보다 기존 관광 상품 개선에 주안점 둠
- 켈빈그로브 미술관, 뷰렐 콜렉션과 기타 박물관, 미술관의 소장품 재정비 및 신장 개관
- 옛 상인 지구를 문화 지구로 개발
- 클라이드강의 관광지 개발을 위한 글래스고 항만 프로젝트 실시
- 호텔 객실의 보강(2007년까지 5성급 호텔 300실, 아파트호텔 150실 등)

(2) 관광 산업의 일자리 창출 노력

- 평생교육 관광 산업 종사자 육성 및 지원(2000년 2만 8,400명→2007년 9% 증가)
- 관광업, 숙박업을 직장으로 선택하도록 동기 부여
- 실업자를 관광 및 여가 산업 부문에 흡수하기 위한 관련 산업과의 협력

(3) 세계 일류 서비스를 목표로 하는 관광 종사자 육성

- 교육, 관광 산업 간 협력 체제 추진
- 주요 무역 단체와의 협력을 통한 관광 서비스 개선

(4) 민간과 관광 산업 부문 간의 협력 관계 개선

- 다방면의 협력 관계 개발 전략 및 실천 계획 수립 전파
- 연구 개발을 통한 관광 비즈니스 지원 및 새로운 기회 창출
- 시범 사례 발굴 및 전파

(5) 글래스고의 이미지와 브랜드 홍보 및 마케팅 강화

- 글래스고 마케팅 캠페인 개발
- 세계 주요 도시에서 글래스고로 오는 새로운 항공 서비스 개발 지원

▣ 도시 로고의 제정 및 새로운 도시 랜드마크 건립

- 1990년대 1차 관광 개발계획 추진 때부터 'Glasgow's Miles Better'라는 브랜드로 도시 홍보
- 문화 이벤트를 통한 글래스고의 도시 정체성(Identity)을 심화시키고자 노력
- 2004년 3월부터 1억 8,003만 파운드의 예산으로 도시 슬로건을 '품격 있는 글래스고(Glasgow: Scotland with style)'로 정하고 로고를 제작, 글래스고의 이미지를 전 세계에 홍보

▣ 도시 슬로건의 변화

- Glasgow's Miles Better(1983)
- Glasgow's Alive(1991)
- Glasgow: Scotland with style(2004)
- People Make Glasgow(2013)
- 중공업의 중심지였던 클라이드강 유역에 21세기 글래스고의 랜드마크 계속 건설 중

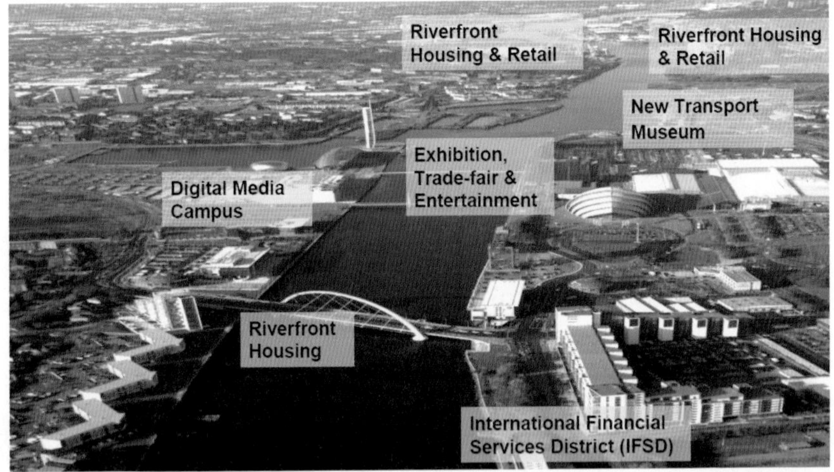

3) 도시 재생 핵심 프로젝트

- 글래스고 도시 재생은 크게 두 지역으로 분류할 수 있음. 첫 번째는 머천트 시티와 뷰캐넌 스트리트를 중심으로 한 구도심의 재활성화, 두 번째는 산업혁명 당시 조선 산업 등 항구 기능을 담당했던 클라이드 강변(River Clyde)의 수변 도시 재생

(1) 구도심 재생 전략

- 도심부에서는 중세 때부터 줄곧 도시의 중심 역할을 하면서 상업과 행정 중심 역할을 해왔던 머천트 시티가 쇠퇴하자 시 정부는 1980년대부터 재개발에 착수했고 철거 중심의 재개발에서 벗어나 역사적인 건축물을 보전하고 새로운 용도로 재생하는 것을 목표로 함
- 그 대표적인 예가 머천트 시티를 상징하는 거상이었던 윌리엄 커닝햄(William Cunninghame)의 대저택을 리모델링한 GoMA(Gallery of Modern Art)와 구시청을 리모델링한 BBC 콘서트홀. 머천트 시티의 재활성화와 더불어 인접한 도심 주요 상업가로인 뷰캐넌 스트리트를 보행자 전용으로 변경하면서 주변 지역에 대규모 상업 시설인 프린스 스퀘어 쇼핑 센터와 뷰캐넌 갤

러리 쇼핑 센터, 세인트 이녹 센터(St. Enoch center) 등을 오픈함

- 문화 중심의 재생으로 12개 미술관(뷰렐 콜렉션〔Burrell Collection〕, 갤러리 오브 모던 아트〔Gallery of Modern Art〕 외)을 모두 무료로 개관하기도 했으며 내셔널 가든 페스티벌(National Garden Festival)과 같은 대규모 행사 유치

(2) 클라이드강 수변 도시 재생(Clyde Waterfront Regeneration Project)

- 구도심의 재생과 아울러 과거 항구 기능을 담당했던 클라이드 강변은 산업 기능의 쇠퇴로 항구 역시 쇠퇴하게 되었으며 글래스고시를 관통하는 약 6km 구간은 글래스고 도시 재생에서 매우 중요한 역할을 담당함
- 클라이드 강변 서측
- 산업화를 견인했던 과거의 찬란한 유산을 보전하면서도 방송 미디어, 과학기술, 전시 및 공연 등 새로운 기능을 도입하여 과거와 현재를 결합함과 동시에 주거, 숙박, 상업, 엔터테인먼트 기능을 추가하여 도시의 활력을 도모함
- 클라이드 강변 서측 양안의 도시 재생 프로젝트 주요 내용

① 클라이드강 북측, 산업화의 상징 조형물로 대형 타워크레인(Finnieston Crane)

· 리프팅 용량이 175t이었던 크레인에 대한 작업은 1932년에 건설되어 보일러와 엔진을 새 배로 들어 올리고 기관차와 탱크 등 무거운 물품을 선적 시 사용

② 스코티시 이벤트 캠퍼스(Scottish Event Campus)

· 영국의 가장 큰 통합 컨퍼런스, 전시, 공연 등의 복합 센터로 컨벤션과 전시장 SECC(1985), 공연장 '더 SEC 아르마딜로(The SEC Armadillo, Cylde Auditorium, 2000)' 및 공연 및 스포츠 복합건물 SSE 하이드로(SSE Hydro, 2013) 등으로 구성됨

a. 컨벤션과 전시, 관람 기능을 수용하는 SECC(Scottish Exhibition and Conference Center, 1985)

b. 공연장 '더 SEC 아르마딜로'

c. 공연 및 스포츠 복합 건물 SSE 하이드로(모두 Foster & Partners 설계)

③ 영국 교통의 발달과 역사를 간직한 글래스고 뮤지엄 오브 트랜스포트 (Glasgow Museum of Transport)

· 리버사이드 뮤지엄(Riverside Museum, Zaha Hadid 설계, 2013)

④ 고급 수변 아파트 재생(공장과 창고 건물 73 Lancefield Quay, 2011)

• 강변 고급 아파트 단지

⑤ BBC 방송국(David Chipperfield 설계, 2007)

⑥ 사이언스 센터(Science Center, 127m, Richard Horden 설계, 2001)

· 글래스고 타워(Glasgow Tower, 127m, Richard Horden 설계, 2001), 360도 회전 조망 가능

▣ 클라이드 강변 동측

- 클라이드 강변 동측은 매우 정적이면서도 자연스러움을 추구하여 15세기부터 공원이 자리했었던 글래스고 그린(Glasgow green)은 현재 약 50ha가 넘는 대규모 공원으로 보전되고 있으며, 공원 내부에는 도시의 역사를 떠올릴 수 있는 많은 명소들이 위치함
- 이중 대표적인 것으로는 피플스 팰리스 앤드 윈터 가든(People's palace and Winter gardens, 1898)으로 개관 당시부터 주로 박물관과 미술관으로 활용되었으며, 100년이 지난 1998년에 복원 수리를 함
- 그 외 공원 내 넬슨 제독을 기념하는 넬슨스 모뉴먼트(Nelson's monument)를 시작으로 19세기 중반에 지어진 현수교인 세인트 앤드루스 서스펜션 브리지(St. Andrew's suspension Bridge)가 위치함

• 클라이드강 사이언스 센터 전경

▣ 클라이드강 재생 계획(Clyde Waterfront Regeneration Project)

- 클라이드 수변 재생의 비전은 독창성, 기술, 정신, 기업 등 자랑스러운 과거의 모든 유산을 바탕으로 새롭고 활기찬 장소로 거듭나는 강의 개발
- 스코틀랜드 클라이드강의 20km 구간(글래스고 중심부 그린~덤바톤)
- 스코틀랜드에서 가장 큰 도시 재생 프로젝트 중 하나로 200개 이상의 프로젝트 진행
- 사업, 주택, 관광 및 그 지역의 인프라를 혁신하기 위한 프로젝트
- 2005년부터 2020년까지 총 예상 투자액은 약 60억 파운드(약 8조 원)로 추산
- 지역 주민이 교통 및 레저 시설, 상점 및 사업 시설의 개선과 지역에 신규 진입하는 새로운 일자리의 혜택을 받게 하는 것이 목표
- 파이낸셜 서비시스 디스트릭트(Financial Services District, FSD)를 설치하여 금융 서비스업의 지속적인 확대를 도모함과 동시에 급속히 팽창하는 비즈니스 활동에 필요한 사무실을 확충하고 새로운 주택을 보급하고자 함

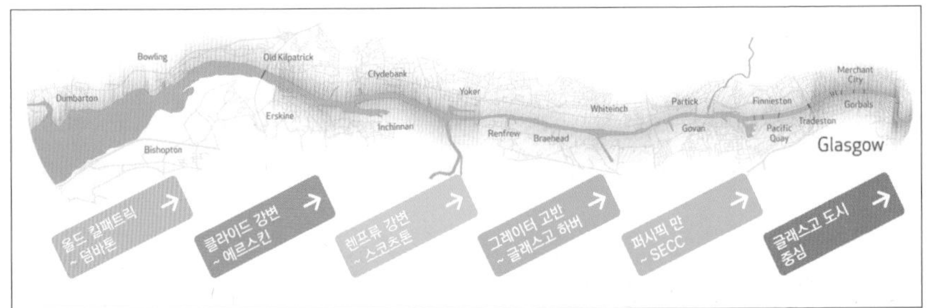

• 클라이드 강변 재생 계획 출처: clydewaterfront.com

▣ 클라이드강 재개발 계획 연대표

2001~2005	2006	2007	2008	2009
200 브루미로	오로라	4 아틀랜틱 만	BAE 시스템	브리기 재개발
6 아틀랜틱 만	브루미로 개발 1단계	BBC 본부	운하 다리 캐노피	스퀴글리 교
클라이드 공원	클라이드 아크	클라이드 대학	메디우스	카펠라
글래스고 사이언스 센터	크로마 플라자	글래스고 항구 개발 1단계	퍼시픽 만 폰툰	리틀밀
센티널	파이프라인 개발 센터	타이탄 클라이드	스프링필드 만	포르췌
세인트 앤드루스 서스펜션 브리지	엑스케이프			퍼시픽 만 허브
				트론게이트 103

2010	2011	2012	2013	2014~2025
센테너리 하우스	도비 가든	펜리 빌리지	SSE 하이드로	110 퀸 스트리트
센트럴 고반 액션 플랜	M74~M48 인터체인지	골스피 거리	템플턴 정원	안덜스톤 SSHA
인디고 호텔	리버사이드 박물관	킹 스트리트		캔팅 바신
렌프류 사회 센터		식스티 7		로본드게이트 비즈니스 공원
세인트 이녹 센터				로몬드게이트 주거지
				오트랜드 재개발
				리버사이드 캠퍼스

4) 도시 재생 시사점

- ▣ '글래스고스 마일스 베터(Glasgow's Miles Better)' 캠페인은 글래스고 마케팅 전략의 가장 유명한 사례로 특정 유형의 시장, 관광, 서비스 산업을 겨냥하여 예술과 상징적 이벤트를 도시 경제를 촉진하는 수단으로 삼음
- ▣ 예술의 경제적 중요성을 산술적으로 계산하여 문화 관광 산업을 집중적으로 육성하고 서비스 업계의 일자리 창출에 기여함
- ▣ 유럽 문화도시 선정을 계기로 도시를 문화적으로 설계하여 각종 축제와 이벤트를 유치하고 글래스고 중심 산업을 문화·예술 산업으로 전환함
- ▣ 외부 도시 이미지의 개선과 더불어 지역 주민의 애향심을 부추기는 내부적 소비도 적극적으로 고려함
- ▣ 중심 지역의 강화와 공항 등의 도시 하부 구조 개선에 초점을 둔 개발 전략을 결합하여 마케팅 전략을 극대화함
- ▣ 글래스고의 성공 요인은 지역의 현안 문제를 정확히 파악한 뒤 이에 대한 적절한 정책 방향을 설정한 것
  - 외곽 지역의 신도시 개발을 통해 지역의 경제 사회적 문제들을 일시적으로 해결하려고 하지 않고, 여러 어려움이 따르는 도시 중심부의 재생을 선택하여 결과적으로 도시의 지속가능성을 향상시킴
  - 과거의 건축물들을 재활용하여 지역의 역사성과 정체성을 보존하는 방향으로 도시 재생을 추진하고 문화 도시 전략에 성공적으로 기여함
  - 문화 도시 전략을 추진하는 과정에서 다양한 조직들을 운영함: 민관 협력 체제를 바탕으로 하는 비영리 단체의 활성화를 도모하는 동시에 단체에 독립적인 역할을 부여하여 자율과 책임을 바탕으로 정책을 수행하여 지속적인 도시 개발을 이룸

5

글래스고의 주요 명소

글래스고 주요 명소

글래스고 식물원
Glasgow Botanic Gardens

오란 모르
Òran Mór

글래스고 대학교
University of Glasgow

세인트 메리 스코티시 성공회 성당
St Mary's Scottish Episcopal Cathedral

글래스고 스타일 마일

켈빈그로브 미술관 박물관
Kelvingrove Art Gallery and Museum

리버사이드 박물관
Riverside Museum

현대 미술관 도서관
The Mitchell Library

글래스고 성당
Glasgow Cathedral

SEC 아르마딜로
SEC Armadillo

글래스고 과학 센터
Glasgow Science Centre

글래스고 공동묘지
The Glasgow Necropolis

GoMA 도서관
GoMA Library

글래스고 시의회
Glasgow City Chambers

BBC 스코틀랜드
BBC Scotland

피니스톤 크레인
Finnieston Crane

글래스고 그린
Glasgow Green

예술가의 집
House for an Art Lover

폴록 하우스 앤드 파크
Pollok House & Park

1. 켈빈그로브 미술관 박물관

스코틀랜드 최고의 박물관 겸 미술관

- Kelvingrove Art Gallery and Museum. 1854년 글래스고 박애주의자인 맥렐런(Archibald McLellan)이 개인 소장했던 그림 400점을 글래스고시에 기증한 이후 1901년 설립된 박물관 겸 미술관으로 스페인 바로크 양식으로 지어짐
- 켈빈그로브 공원 안에 위치하며 박물관에는 3개 층 22개의 갤러리가 있고 미술품, 자연사, 고대 이집트의 유물 등 고고학적 전시품들이 전시됨
- 엘리자베스 2세 여왕의 뜻에 따라 2006년부터 대대적인 개축과 복구를 위해 3년간 휴업 후 재개관했음

• 켈빈그로브 미술관 박물관 외관

▣ 대표 작품은 살바도르 달리(Salvador Dali)의 걸작 〈십자가 성 요한의 그리스도〉와 〈아시아 코끼리 로저 경〉, 매킨토시 콜렉션, 보티첼리, 렘브란트, 모네, 반 고흐, 피카소 등의 작품 등

(1) 살바도르 달리, 〈십자가 성 요한의 그리스도〉(1951년)

(2) 켈빈그로브 오르간(1901년)

(3) 스핏파이어(Spitfire) LA 198(1944년)

(4) 더 글래스고 스타일(매킨토시 작품 등 1890~1918년)

출처: www.dailyrecord.co.uk

(5) 아시아 코끼리 로저 경(1900년)

출처: www.dailyrecord.co.uk

2. 현대 미술관

글래스고의 예술이 살아 있는 현대 미술관

- ▣ Gallery of Modern Art. 1996년에 신고전주의 건축물로 개관한 스코틀랜드 현대 미술관
- ▣ 머천트 시티를 상징하는 거상이었던 윌리엄 커닝햄(William Cunninghame of Lainshaw, 1731~1799)의 대저택을 리모델링함
- ▣ 미술관에는 카페, 학습 도서관, 서적 대여 시설, 워크숍 등 다양한 시설이 있음
- ▣ 전시품은 20세기 영국 및 스코틀랜드의 그림, 인쇄물, 사진 컬렉션, 조각, 영상, 설치 미술품이고, 스코틀랜드 젊은 세대의 작품 수집에 중점을 두며 데이비드 호크니, 세바스티앙 살가도, 앤디 워홀 등의 작품이 있음

• 현대 미술관 외관

출처: www.shutterstock.com

3. 글래스고 로열 콘서트 홀

구시청을 리모델링한 영국 최대 규모의 콘서트홀

▣ The Glasgow Royal Concert Hall. 1990년 10월 개장한 콘서트 홀로, 영국에서 가장 큰 홀 중 하나

▣ 스코틀랜드 왕립 국립 오케스트라의 글래스고 공연 장소로 쓰이고, 국제 오케스트라, 솔로 연주자, 지휘자의 공연을 주최해 옴

▣ 메인 공연장은 2,500여 명을 수용할 수 있으며 클래식뿐만 아니라 오페라와 발레, 뮤지컬, 토크, 락 앤 팝, 포크, 세계와 컨트리, 스윙과 코미디를 모두 공연하며 미술과 사진 전시회도 하고, 인접해 있는 글래스고 칼레도니아 대학의 졸업식 장소로도 활용함

• 글래스고 로열 콘서트홀 외관*

4. 오란 모르

교회를 라이브 공연장으로 재생

▣ Òran Mór. 1862년 캠벨과 스티븐슨이 건설함

▣ 이탈리아의 고딕식 피라미드 첨탑이 있으며 교회의 본체에는 가늘고 주철로 된 기둥들이 우아하게 닿아 있고 아름답지만 단순한 아치들로 덮인 아케이드가 있음

▣ 건설 당시 켈빈사이드 교회였으나 지금은 레스토랑, 라이브 뮤직 행사장, 나이트 클럽, 오디토리엄과 같은 시설들이 들어서 있음

• 오란 모르 외관 출처: tripadvisor.co.uk

5. 헌터리안 박물관

스코틀랜드에서 가장 오래된 공공 박물관

- ▣ Hunterian Museum. 1783년에 사망한 과학자 겸 의사 윌리엄 헌터(William Hunter)의 소장품을 전시하기 위하여 1807년에 처음 문을 열었음
- ▣ 글래스고 대학 캠퍼스 내부에 있는 박물관으로 헌터 미술관, 매킨토시 하우스, 동물 박물관, 아나토미 박물관을 포함함
- ▣ 이 박물관에는 현재 민족 지리학, 동물학, 지질학 및 고고학과의 수집물이 포함되어 있으며 루벤스, 렘브란트, 레이놀즈, 제임스 휘슬러 등의 작품들과 건축가 매킨토시와 그의 부인인 마거릿 맥도날드 매킨토시의 글래스고 자택을 재현한 주요 인테리어 등이 전시되어 있음

• 헌터리안 박물관 내부 중앙 홀*

6. 글래스고 성당

스코틀랜드에서 가장 아름답고 오래된 성당

- ■ Glasgow Catheral. 아름다운 빅토리아 시대의 건축과 공원이 어우러진 글래스고의 동쪽 지역에 위치함. 1238년에 건축되었으며 스코틀랜드 종교개혁 때 일시적으로 장로교 교리를 채택해 파괴를 면한 덕분에 13세기 교회의 원형을 그대로 간직함.
- ■ 성당의 신도들 대부분은 스코틀랜드의 가장 중요한 기독교 교파인 글래스고 장로회이며 글래스고의 수호 성인 세인트 먼고(St. Mungo)의 이름을 따 '세인트 먼고 성당'으로도 불림

※ 6세기 스트래드글래스 주교였던 세인트 먼고는 두 마리 들개가 이끄는 수레에 성인인 퍼거스의 시신을 싣고 "신이 정하신 곳으로 가라"라고 말했는데 그 개들이 수레를 현재의 글래스고 대성당 부지로 끌고 왔고, 이곳에 지은 소박한 수도원 자리에 글래스고 대성당이 들어섬

- ■ 67m의 뾰족한 탑이 솟은 중후한 건물이 눈길을 끌고, 안으로 들어가면 고색창연한 스테인드글라스가 아름다움. 세인트 먼고가 일으킨 네 가지 기적에 얽힌 새, 나무, 종, 물고기 모양이 조각된 성당 앞 가로등 디자인도 인상적임

• 글래스고 성당 외관

• 한국 전쟁 기념비

7. 글래스고 공동묘지

기념물들이 가득한 공동묘지

- ▣ Glasgow Necropolis. 1833년에 공식적으로 운영하기 시작한 묘지는 37ac 넓이로 현재까지 5만여 명이 묻혀 있음
- ▣ 글래스고 대성당 동쪽에 위치해 있으며 찰스 레니 매킨토시를 포함한 글래스고 예술가들이 디자인한 묘비 관련 조각 예술품들이 약 3,500개 이상 세워짐
- ▣ 글래스고 공동묘지에서 가장 눈에 띄는 기념비는 존 녹스의 기념비로 글래스고를 내려다보고 있는 21m 높이로 1825년 세워졌으며, 스코틀랜드 종교개혁의 중요성을 상징함. 존 녹스가 직접 묻힌 곳은 아니지만 그의 유산을 기리기 위해 세워짐

• 글래스고 공동묘지

■ 탄식의 다리

- 1833년 제임스 해밀턴(James Hamilton)이 건축했으며, 글래스고 성당과 글래스고 공동묘지로 가기 위해 세워졌음
- 성당에서 공동묘지로 가는 동안의 장례 절차의 슬픔으로 인해 '탄식의 다리'라는 이름이 붙음

• 성당과 공동묘지를 이어 주는 탄식의 다리

8. 글래스고 스타일 마일

글래스고의 시내 명품 쇼핑 단지

▣ Glasgow Style Mile. 글래스고 시내 중심부에 위치한 주요 쇼핑 거리와 지역을 지칭하는 용어로, 패션, 디자인, 라이프스타일과 관련된 다양한 상점들이 밀집해 있는 최고의 쇼핑 지역

▣ 총 200개 이상의 상점이 스타일 마일을 구성함

▣ 많은 상점들은 글래스고의 가장 역사적인 건물 내에 위치하여 환상적인 쇼핑과 함께 아름다운 건축물을 체험하는 기회

▣ 3대 쇼핑 거리 'Golden Z'

- 소치홀(Sauchiehall) 스트리트, 뷰캐넌 스트리트, 아가일(Argyle) 스트리트

• 글래스고 스타일 마일 전경

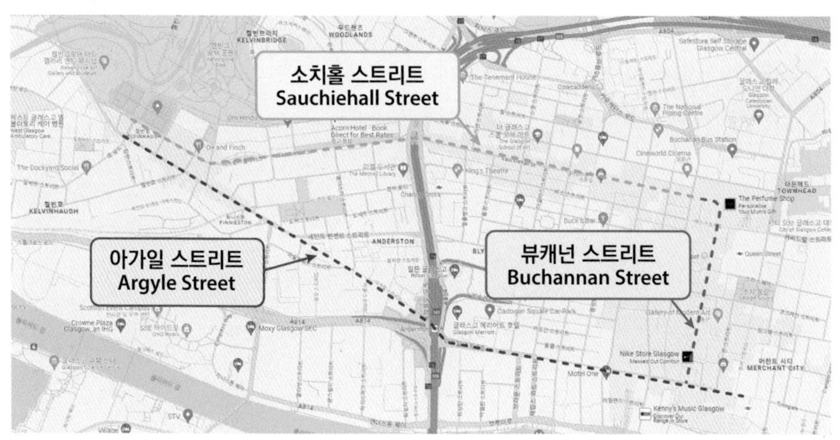

• 글래스고 스타일 마일 쇼핑 거리 지도

1) 소치홀 스트리트

▣ M & S, 슈(Schuh), 슈퍼드러그(Superdrug), 프라이마크(Primark), 리버 아일랜드(River Island) 등 유명 상가들과 스코틀랜드 전통 하이랜드 공예품 숍 등 디양

- 윌로우 티 룸(Willow Tea Room), 머랭 타워 앤드 컵(Meringue Tower & Cup)이 명소

2) 뷰캐넌 스트리트 앤드 갤러리스

▣ 왕립 콘서트홀과 인접해 있는 뷰캐넌 갤러리 등 아름다운 건축물 감상 존. 루이스 백화점을 포함하여 90개 이상의 소매점, 조지 스퀘어(George Square)와 주변, 존스 부트메이커(Jones Bootmaker), 듄 앤드 오피스 스토어스(Dune and Office stores), 프레이저스(Frasers) 등 다양한 고급 패션과 뷰티 숍이 있음

3) 아가일 스트리트

▣ Next, Topshop, Gap, TK Maxx, Primark와 같은 주요 패션 브랜드의 메카, M & S의 본거지이며 세인트 에녹 센터(St. Enoch Centre)는 집과 인테리어,

패션, 장난감 가게로 유명한 햄리(Hamleys)와 보석과 시계 매장들이 위치함

▣ 아가일 아케이드는 빅토리아 시대, 파리 스타일 쇼핑 지역으로 1827년 공동 주택 진입로에 건설된 30개 이상의 보석과 다이아몬드 소매 상점

4) 머천트 시티

▣ 카페, 식당, 워크숍, 갤러리뿐만 아니라 전문 상점과 매력적인 부티크들로 가득

9. 프린세스 스퀘어 쇼핑 센터

부캐넌스트리트에 있는 대규모 쇼핑 단지

▣ Princess square shopping center. 글래스고 중심부에 있는 뷰캐넌 스트리트의 쇼핑 센터로 1840년대에 존 베어드(John Baird)와 다른 건축가들이 처음 설계했고 1986년 에든버러 건축가 휴 마틴 파트너십(Hugh Martin Partnership)이 개발함

▣ 건물의 규모는 1만 450m²(3,100평)이며 5층 건물로 투명 유리로 된 둥근 천장과 아치형 천장 아래에 전체 공간을 둘러싸고 있는 것이 특징

▣ 영화관도 보유하고 있으며 스코틀랜드 건축 지역상(1988년), 에든버러 건축 협회 백년상(1989년), 시민 신탁상(1989년), 지난 100년간 스코틀랜드 최고의 건물(2016년)과 같은 다양한 상을 수상함

• 프린세스 스퀘어 쇼핑 센터의 독특한 외관

• 프린세스 스퀘어 쇼핑 센터 내부 로비 및 각 층별 모습

10. 뷰캐넌 갤러리

글래스고의 대형 쇼핑 센터

- ■ Buchanan Galleries. 1998년 뷰캐넌 스트리트에 인접하여 건설된 대형 쇼핑 센터
- ■ 영국에서 런던에 이어 2번째로 쇼핑하기 좋은 곳으로 유명함
- ■ 존 루이스(John Lewis)를 비롯 80개가 넘는 유명 브랜드들을 위한 화려화고 현대적인 인테리어 쇼핑몰로 구성, 총 4층

• 뷰캐넌 갤러리 외관

출처: www.urbanrealm.com

11. 세인트 이녹 센터

글래스고의 대형 쇼핑 센터

- St. Enoch Centre. 1986년에 로버트 맥알파인(Robert McAlpine)경이 착공하여 1989년 5월 25일 오픈한 쇼핑몰
- 거대한 유리 지붕 때문에 유럽에서 가장 큰 유리로 덮인 밀폐된 구역이며 그 때문에 '글래스고 온실'이라는 별명을 얻음
- 쇼핑몰은 두 번의 리모델링을 거쳐 바닥 면적이 12만m^2까지 늘어났고 확장을 위해 아이스링크를 폐쇄하고 푸드코트를 늘림
- 현재 기존의 BHS 매장 부지를 재개발하여 새로운 레스토랑, 소매점, 다원형 영화관 등을 통해 연간 200만 명의 추가 고객 확보를 위하여 약 600억 원을 투자하여 2020년 재오픈함

• 세인트 이녹 센터 예상도

출처: bbc.com

12. 피니스톤 크레인

글래스고 조선업 호황을 상징하는 크레인

- ▣ Finnieston Crane. 1932년에 완공된 글래스고 중앙에 있는 크레인으로, 화물을 싣는 데 사용되었던 거대한 캔틸레버 크레인
- ▣ 1969년 크레인 주변의 부두가 폐쇄되면서 더 이상 이용이 불가능하지만 도시의 공학적 유산의 상징으로 간직되어 있음
- ▣ 크레인은 높이가 53m이고 175톤의 용량을 가지고 있음. 3분 30초 안에 완전한 회전을 할 수 있었으며 보일러와 엔진을 새 배로 들어 올리고 기관차와 탱크 등 무거운 물품을 선적할 때 사용했음

• 피니스톤 크레인 외관

13. 리버사이드 박물관

유럽 박물관 상을 받은 영국 교통의 발달과 역사를 간직한 박물관

▣ Riverside Museum. 2008년에 짓기 시작한 뒤 2011년 6월에 개관하여 2013년 유럽 박물관 상을 수상함(Zaha Hadid 설계)

▣ 영국 교통의 발달과 역사를 간직한 글래스고 교통박물관(Glasgow Museum of Transport)이 자리하고 있음

▣ 영국뿐 아니라 세계 각국의 여러 가지 교통수단과 그 모형들을 전시하고 있으며, 말이 끄는 마차에서 오토바이까지 각 시대별로 다양한 교통수단을 모아 놓았음. 전시물로는 세계에서 가장 오래된 페달 자전거, 초기 증기 기관차, 트롤리 버스, 트램 등과 선박 모형 약 250여 점 등 약 3,000점이 넘는 소장품도 전시하고 있어 글래스고의 산업이 발전하면서 함께 성장했던 교통산업의 역사도 살펴볼 수 있음

• 리버사이드 박물관 외관

14. SEC 센터

스코틀랜드의 최대 전시 센터

- ▣ Scotland Event Campus. 피니스턴 지역에 위치하며 1985년에 완공됨
- ▣ 오케스트라 콘서트, 그랜드 인터내셔널쇼, 오페라, 콘서트 등을 주최하는 글래스고의 문화 허브 중 하나

• SEC 센터 외관

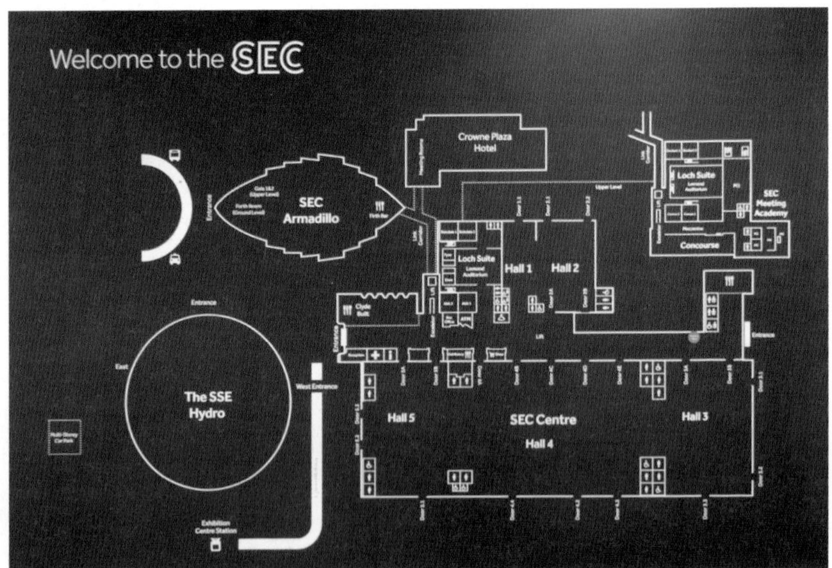

• SEC 센터 안내도

• SEC 센터 내부

15. SEC 아르마딜로

SEC 센터의 공연장

- ▣ SEC Armadillo. 2000년에 개장한 SEC 센터와 SSE 하이드로를 포함하는 SEC의 3개 장소 중 하나
- ▣ SEC 단지의 확장을 위해 1997년 건축가 포스터와 파트너가 디자인한 2,000석 규모의 공연장은 2000년에 완공되었는데 아르마딜로 같은 거북 모양 동물과 모양이 비슷했기 때문에 이런 애칭이 붙었음
- ▣ 인접 SEC 센터와 크라운 플라자 호텔과 연결되어 있음
- ▣ 이 건물에서 〈브리튼스 갓 탤런트(Britain's Got Talent)〉 시리즈 2-4의 스코틀랜드 오디션과 휴고상 시상식 등 행사를 개최해 왔음

• SEC 아르마딜로 외관

16. The SSE 하이드로

SEC 센터 내 공연 및 스포츠 복합건물

- ▣ The SSE Hydro. SEC 내에 위치한 공연 및 스포츠 복합건물로 2013년에 개장함
- ▣ 스코틀랜드와 남부 에너지 자회사인 스코틀랜드 하이드로의 이름에서 유래함
- ▣ 2016년에는 75만 1,487장의 티켓 판매량을 기록하여 티켓 판매량 기준으로 세계 8위의 음악 무대를 기록하기도 함
- ▣ 1만 3,000명 규모의 공연과 스포츠 행사를 개최하고 있으며 매년 100만 명의 방문객을 유치하는 것을 목표로 하고 있음

• SSE 하이드로 외관

17. BBC 퍼시픽 퀘이

BBC 스코틀랜드의 본사

- ▣ BBC Pacific Quay. 2007년 9월 20일에 개관된 BBC 퍼시픽 퀘이는 데이비드 치퍼필드(David Chipperfield)가 설계했으며 BBC 스코틀랜드의 텔레비전 및 라디오 스튜디오이자 스코틀랜드 BBC의 본사임
- ▣ 세 개의 주요 텔레비전 스튜디오가 있고, BBC 라디오 스코틀랜드, BBC 라디오 나노 가이트힐 및 기타 라디오 방송국에 사용되는 6개의 라디오 스튜디오가 있음

• BBC 퍼시픽 퀘이 외관

18. 글래스고 과학 센터 타워

과학 센터 단지에 있는, 스코틀랜드에서 가장 높은 타워

- ▣ Glasgow Science Centre Tower. 리처드 호든(Richard Horden)이 설계했으며 2001년 완공한 글래스고 과학 센터 단지의 일부를 이루고 있음. 프리 스탠딩 타워로 전체 구조물이 360도 회전할 수 있는 세계에서 가장 높은 회전 자유형 구조물로 기네스 기록을 보유하고 있음
- ▣ 현재 127m로 스코틀랜드에서 가장 높은 타워임
- ▣ 탑에는 12인용 승강기가 2개 설치되어 있으며 탑승은 안전을 이유로 손님 6명과 직원 1명으로 제한되어 있음
- ▣ 타워는 현재 여름철에 걸쳐 매년 운영되며, 풍속이 초당 약 11.2m를 초과하지 않을 경우 승객들은 100m 높이의 전망대로 올라갈 수 있음

• 글래스고 과학 센터와 타워

19. 라이트하우스

스코틀랜드 디자인 및 건축의 요람

- ▣ The Lighthouse. 1895년에 글래스고 헤럴드 신문사 사옥으로 완공된 건물, 건축가 매킨토시가 설계함
- ▣ 건물 전체가 전시 공간으로 매킨토시의 작품 외에도 세계 건축가들이 설계한 건물, 디자인 등의 전시를 볼 수 있으며 제품 디자인과 산업 디자인을 비롯하여 그래픽·인테리어·패션·보석공예·디지털 등 여러 분야의 디자인과 건축 부분에 관련된 연구 진행
- ▣ 건물에 2개의 타워가 있는데 건물 북쪽에 있는 매킨토시 타워 6층에서 글래스고의 도시 경관을 볼 수 있으며 3층부터 나선형 계단을 만듦
- ▣ 1999년 영국 건축 및 디자인 입찰 위원회가 제안한 프로젝트인 스코틀랜드의 건축, 디자인 센터를 위한 등대(The Lighthouse)로 개축되어 출범함
- ▣ 전 세계에서 온 사람들을 끌어들이는 성공적인 관광 명소와 장소이자 스코틀랜드의 디자인 및 건축 센터로서 스코틀랜드의 창조 산업을 위한 디자인 센터의 관제탑 역할을 하고 있음
- ▣ 1999년 클라이드데일 은행은 영국을 건축과 디자인의 도시라고 표시하기 위해 20파운드 지폐에 라이트하우스 건물을 넣음

• 건물 너머로 보이는 라이트 하우스

• 라이트 하우스 내부의 나선형 계단

20. 글래스고 예술 대학

매킨토시가 설계한 영국 최고의 시각 디자인 대학

- The Glasgow School of Art. 스코틀랜드의 유일한 공립 자치 예술 학교로서 학부 학위를 제공하며 대학원과 건축, 미술, 디자인 분야의 박사 학위를 제공함
- 1896년에서 1909년 사이에 찰스 레니 매킨토시가 설계했으며 이 유명한 매킨토시 빌딩은 글래스고의 상징적인 랜드마크 중 하나
- 100년 이상 유지되다 2014년 5월 화재로 큰 피해를 입은 뒤 2018년 6월 2차 화재로 크게 훼손됨
- 2012년 이후 싱가포르 디자인 부문 학점 교류제를 진행함
- 최근 영국 최고의 현대미술상인 터너상 수상자를 5명 배출할 만큼 스코틀랜드의 예술가 대부분을 배출하는 대학
- 영국 왕립 건축 연구소가 지난 175년간 지어진 영국 건축물 중 가장 뛰어난 건물로 선정한 곳이기도 했는데 경사진 땅을 절묘하게 활용한 기하학적 건물로 미술학도들이 자연광 속에서 작업할 수 있도록 방마다 창문 크기도 다르게 만들었으며 오늘도 제2의 매킨토시를 꿈꾸는 학생들이 공부하고 있음

• 글래스고 예술 대학*

21. 윌로우 티 룸

건축가 매킨토시가 가구를 설계한 가장 유명한 차 카페

- The Willow Tea Rooms. 건축가 매킨토시가 1903년 설계하고 직접 가구를 디자인한 가장 유명한 차 카페
- 당시 유명한 글래스고 차 관련 기업인이자 매킨토시의 가장 큰 후원자 중 한 명인 캐서린 크랜스턴(Catherine Cranston)은 동생과 함께 차와 카페 사업을 시작하면서 두 명의 디자이너인 조지 월튼과 찰스 레니 매킨토시에게 디자인을 의뢰했으며, 특히 메킨토시의 가구 디자인 룸이 정말 독특하고 훌륭하여 유명하게 됨
- 1903년 오픈했는데 건물 주인에 따라 계속 용도가 변경되다가 더 윌로우 티 룸스 트러스트(The Willow Tea Rooms Trust) 재단이 2014년부터 복원 공사를 시작해서 2018년 다시 오픈함
- 현재 매킨토시의 화려하고 아름다운 가구 디자인을 느낄 수 있는 티 룸은 글래스고 시내에 총 3개소로 소치홀 스트리트의 매킨토시 앳 더 윌로우(Mackintosh at the Willow)와 뷰캐넌 스트리트(1997년), 와트 브라더스(Watt Brothers) 스트리트(2016년)임

(1) 매킨토시 앳 더 윌로우(소치홀 스트리트 1903년 오픈, 2018년 재오픈)

• 맥킨토시 앳 더 윌로우 티 룸 외관 및 내부 사진 출처: www.willowtearooms.co.uk

(2) 더 윌로우 티 룸(뷰캐넌 스트리트, 1997년)

• 뷰캐넌 스트리트 윌로우 티 룸 외관 및 내부

(3) 더 윌로우 티 룸스(브라더스 스트리트 백화점 3층, 2016년)

• 윌로우 티 룸, 와트 브라더스 스트리트 백화점 내부　　출처: tripadvisor.com

22. 예술가의 집

매킨토시가 디자인한 미술, 디자인 및 건축 예술 애호가의 집

- ▣ House for an Art Lover. 매킨토시가 1901년에 부인 마거릿 맥도널드와 함께 만들었던 디자인을 바탕으로 한 아르누보 형태의 건축물로 건물 자체가 미술 전시회 또는 행사 장소일 뿐만 아니라 그 자체가 명소임
- ▣ The House for an Art Lover라는 같은 이름의 자선 회사가 소유하고 있으며 1989년에 공사를 시작해서 1996년에 완공되어 일반 대중에게 공개됨
- ▣ 미술, 디자인 및 건축에 대한 대중 홍보로 어린이와 성인을 위한 갤러리 교육 프로그램과 함께 주요 예술가들과 디자이너들의 전시 개발을 목적으로 하는 장소
- ▣ 건물은 여러 가지 건축 스타일을 통합했으며 전통적인 빅토리아 시대의 디자인과 현대적 개념이 잘 조화되어 있고 카페, 갤러리, 웨딩 가든 등 공원과 함께 창의적인 생각과 여유로움을 가질 수 있는 장소

• 예술가의 집 외관*

23. 힐 하우스

스코틀랜드 헬런즈버러 매킨토시 건축물

- The Hill House. 글래스고 서북쪽 헬런즈버러(Helensburgh)에 위치한 매킨토시 부부의 가장 유명한 작품 중의 하나로 발행인 월터 블래키(Walter Blackie)를 위해 1904년 건축하고 가구 및 인테리어를 설계함
- 1982년에 건물이 스코틀랜드의 내셔널 트러스트에 기증되어 대중에 공개됨
- 건물의 획일적이고 회색빛이 도는 외관은 스코틀랜드의 춥고 흐린 하늘과 조화를 이루며 완전히 비대칭적인 구조는 평평한 지붕, 높은 굴뚝이 조화를 이루며 전통적인 스코틀랜드 건축 요소와 매킨토시의 독특한 아르누보 스타일이 결합된 것이라 볼 수 있음
- 최소한의 장식과 무거운 벽, 직사각형의 창문은 강하고 냉철한 구조를 표현하며 건물의 외관은 따뜻하고 이국적이며 세심하게 장식되고 매끄러운 실내와 정반대

• 힐 하우스 외관 출처: www.thetimes.co.uk

24. 찰스 레니 매킨토시 자선단체

매킨토시의 이름을 딴 비영리 단체

▣ The Charles Rennie Mackintosh Society. 찰스 레니 매킨토시를 더 널리 알리고 기억하기 위해 1973년에 설립된 비영리 독립 자선단체

▣ 전 세계에 약 1,000명의 회원 보유

▣ 매킨토시와 관련된 수많은 행사를 개최하고 있으며 결혼식, 콘서트, 회의, 세미나를 위한 새로운 장소를 제공

• 찰스 레니 매킨토시 자선단체의 외관 출처: www.crmsociety.com

25. 조지 스퀘어

글래스고의 주요 시민 광장

- George Square. 조지 3세의 이름을 따서 지어졌고 1781년에 처음 지어짐
- 글래스고 중심가에 있으며 매력적인 빅토리아 시대 건축물들에 둘러싸여 있음. 글래스고 대성당과 함께 글래스고의 대표적인 볼거리로 꼽히며 1888년 지어진 웅장한 르네상스식 시의회 건물이 있음. 광장에는 월터 스콧 경, 빅토리아 여왕, 앨버트 왕자, 토마스 그레이엄 등 유명 인사의 동상이 세워져 있음
- 현대로 들어와서 음악 행사, 조명 쇼, 의식, 스포츠 축제, 정치 집회, 연례 기념일 퍼레이드를 위한 장소로 활용됨

• 조지 스퀘어 전경

• 조지 스퀘어와 제임스 와트 동상

26. 글래스고 식물원의 키블 궁전

그린 플래그 상을 받은 최대 규모의 식물원

- Kibble Palace & Glasgow Botanic Gardens. 글래스고 식물원은 1817년 처음 문을 연 영국에서 가장 큰 온실 식물원 중의 하나로 8ac의 넓이로 글래스고 웨스트 엔드에 위치함
- 몇 개의 유리 정원이 특징인데 그중 가장 주목할 만한 것은 키블 궁전
- 키블 궁전은 면적이 2,137m^{2}의 19세기 연철 액자형 유리 창고이며 1873년 현재의 위치에 완전히 세워짐
- 키블 궁전은 처음에는 온대 식물을 재배하는 데 사용되었고 19세기 빅토리아 양식의 조각품을 많이 전시했는데 대표적인 조각이 1920년에 설치된 〈시칠리아의 로버트 왕〉 동상이며 2004년부넌 2년간의 보수 공사를 통해 2006년 재오픈함

• 글래스고 식물원의 키블 궁전 출처: www.shutterstock.com

27. 글래스고 대학

영국 전통 명문 대학

- ▣ University of Glasgow. 1451년 스코틀랜드왕 제임스 2세의 권유를 받아들인 로마 교황 니콜라우스 5세가 글래스고의 주교 턴불(Turnbull)에게 대학 설립을 허락하는 칙서를 내려 설립함
- ▣ 근대 이전에는 부유한 학생들만 교육했지만 중산층 학생들을 위해 19세기부터 고등교육의 선구자가 되었음
- ▣ 인문학부, 생물의학·생명과학부, 교육학부, 공학부, 정보학·수학부, 법·재정·사회학부, 의학부, 물리학부, 수의학부의 9개 학부와 대학원으로 학생 수 2만 명
- ▣ 1904년 화학상을 수상한 윌리엄 램지, 1988년 생리·의학상을 수상한 블랙(James Black) 등 7명의 노벨상 수상자를 배출했고 경제학자 애덤 스미스, 전 영국 총리 헨리 캠벨-배너먼, 앤드루 보너 로(Andrew Bonar Law) 등이 졸업했으며 증기기관을 발명한 제임스 와트가 이 대학에서 수학기계공으로 일했던 것으로 유명함

• 글래스고 대학

28. 국립 백파이프 센터

백파이프 전문 박물관

- ▣ National Piping Center & Bagpipe Museum. 본래의 건물은 1872년에 카우카덴스 교회로 지어졌으며 1996년의 개보수 끝에 국립 백파이프 박물관이 오픈됨
- ▣ 건물 안에는 악기 연습 공간, 강당, 파이프 박물관들이 있으며 공연자든 팬이든 간에 백파이프와 드럼 연주에 대한 열정을 가진 사람들에게 소중한 장소임
- ▣ 전 세계 여러 곳에서 열리는 집중 백파이프 학교를 포함하여 수업과 코스를 이용할 수 있으며 17세기 스코틀랜드의 유명한 백파이프 연주자이자 작곡가인 이언 덜 매케이(Iain Dall MacKay)가 연주했던 백파이프의 멜로디를 연주하는 장비인 챈터(Chanter) 유물과 세계에서 가장 오래 살아남은 백파이프 등이 소장되어 있음
- ▣ 파이프 관련 용품, 음악 및 기념품으로 가득한 잘 갖춰져 있는 상점, 호텔 및 레스토랑이 있으며 글래스고 세계 파이프 밴드 챔피언십이 매년 8월 글래스고 그린에서 개최됨(2019년 8월 16~17일, World Pipe Band Championships)

• 백파이프 센터 출처: visitscotland.com

• 백파이프 센터 내부 출처: visitscotland.com

29. 글래스고 그린 공원

글래스고에서 가장 오래된 공원

- ▣ Glasgow Green. 클라이드강의 북쪽 둑에 있는 글래스고 그린은 15세기에 설립된 글래스고에서 가장 오래된 공원으로 면적은 55ha
- ▣ 공원 내부에는 넬슨 기념비, 19세기 중반에 지어진 현수교 세인트 앤드루스 서스펜션 다리, 템플턴 카펫 공장, 분수대, 인민 궁전, 겨울 가든, 제임스 와트 동상과 같이 도시의 역사를 떠올릴 수 있는 많은 랜드마크들이 자리하고 있음
- ▣ 글래스고 그린에서는 라이브 문화·음악 축제도 개최됨

• 글래스고 그린 공원 전경

출처: wordpress.com

(1) 넬슨 기념비

출처: 위키피디아

(2) 세인트 앤드루스 서스펜션 다리

출처: www.shutterstock.com

(3) 템플턴 카펫 공장

(4) 인민 궁전(People's palace)

출처: www.shutterstock.com

30. 세인트 메리 스코티시 성공회 성당

고딕 양식으로 디자인한 스코틀랜드의 성공회 성당

- ▣ St Mary's Scottish Episcopal Cathedral. 조지 길버트 스콧 경이 설계했으며 1874년 5월 21일 부클레루치와 퀸즈베리 공작이 기반을 놓음
- ▣ 1879년 1월 25일에 첫 예배를 봄. 세 첨탑 중 가장 높은 성당의 높이는 90m임

• 세인트 메리 스코티시 성공회 성당

출처: www.shutterstock.com

31. 템플턴 온 더 그린

카페트 공장의 복합공간 재생

▣ Templeton on the Green. 원래는 카펫 공장으로 1892년에 건설됨

▣ 1984년에 템플턴 비즈니스 센터로 전환되고, 2005년에 재생 프로젝트가 진행되어 아파트, 사무실 공간, WEST 양조장, 바, 식당을 통합한 복합 용도로 재생됨

• 템플턴 온 더 그린 외관

6

스털링

1. 스털링 개황

1) 개요

면적	16.7km^2
인구	9만 5,000명(2023년)
위치(중앙 스코틀랜드, 글래스고의 북동쪽에 위치)	
기후	연평균 평균 최고기온 12.9°C, 최저기온은 5.6°C, 연평균 강수일 147.4일

▣ 스털링 시내 지도

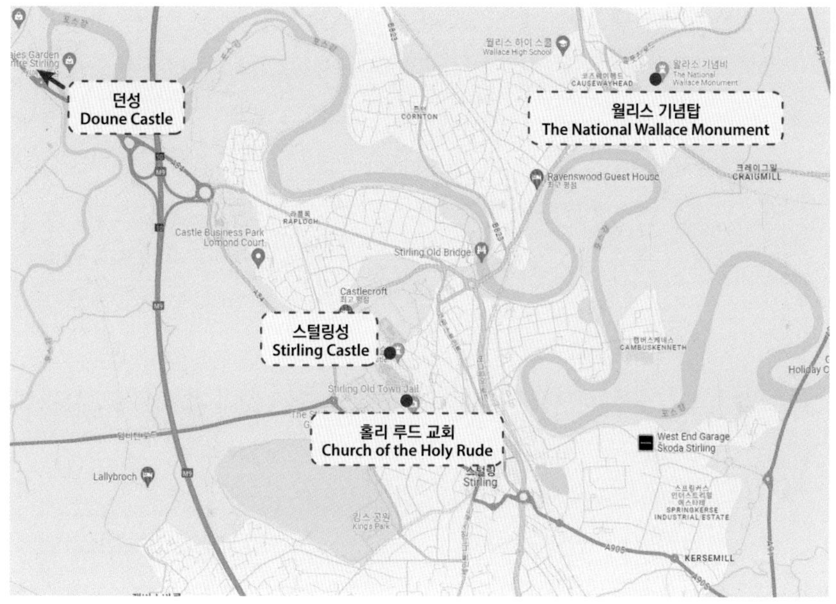

▣ 주요 특징

- 2002년 엘리자베스 2세로부터 도시 지위를 받아 스코틀랜드에서 가장 늦게 도시 지위를 획득함
- 하이랜드와 로랜드 사이 하이랜드 경계 단층대에 가까이 위치하여, '하이랜드 관문'이라 불리며, 초창기 스코틀랜드의 중심 수도 역할을 담당함
- 중세 12세기부터 스털링에 대한 언급이 나타나며, 알렉산더 1세(1078~1124년)는 1100년 스털링성에 예배당을 건설하고 14년간 스털링성에서 생활함
- 스털링에 위치한 홀리 루드 교회에서 1567년 7월 29일, 제임스 6세의 스코틀랜드 왕 대관식이 거행됨
- 약 16개의 도서관이 있으며, 스미스 미술관과 박물관은 관광객과 거주민들이 무료로 입장할 수 있음. 매크로버트(Macrobert) 미술 센터는 다양한 전시회와 퍼포먼스를 진행함
- 스코틀랜드의 중요한 방어 지역으로 노력의 땅으로 불리며 1297년 윌리엄

월리스 군대가 스털링 다리에서 잉글랜드 군대를 격파했음. 1314년 로버트 부루스가 잉글랜드 에드워드 2세의 군대를 격파한 장소로 스코틀랜드 독립 운동의 성지임

▣ 약사

연도	역사 내용
1100	알렉산더 1세 스털링성에 교회 건설
1415	돌 다리 건설
1550	스털링 인구 1,500명으로 성장
1572	스털링 마스 워크(Mars Wark) 건설
1606	스털링에 전염병 강타
1630	아가일 로징(Argyll Ludging, 르네상스 양식 타운하우스) 건설
1750	스털링 인구 4,000명으로 성장
1777	스털링에 첫 은행 개점
1801	스털링 인구 5,271명으로 성장
1833	스털링에 콜레라 강타
1848	철도 건설
1869	월리스 기념비(Wallace Monument) 건설
1902	전기 공급 및 인구수 1만 8,000명까지 성장
1967	스털링 대학교 건설
1995	캐슬 비즈니스 파크(Castle Business Park) 개장
2002	행정구역 지위가 도시로 승격

▣ 문화 및 예술

- 1989년부터 시작된 '스털링 고스트워크(Stirling Ghostwalk)'는 로열 버러스 올드 타운(Royal Burgh's Old Town)에서 열리는 이벤트이며, 스털링 지역의 유령 이야기와 역사적 사건들을 바탕으로 한 야간 투어로 스털링의 어두운 역사와 신비로운 전설 등 스털링의 역사를 흥미롭게 홍보하기 위한 것임
- 스코틀랜드 하이랜드 게임 중 앨런의 다리(Bridge of Allan)는 스털링성과 월리스 기념비 사이에 위치한 게임장에서 약 8,000~1만 명의 인원이 모여 게임을 함. 전통 문화, 스포츠 행사 등 다양한 프로그램을 제공하며, 참가자들은 달리기, 자전거, 레슬링, 박람회 등을 즐길 수 있음

7

스털링의 주요 명소

1. 스털링성

스코틀랜드 독립 전쟁의 요충지, 왕가의 궁전

- ▣ Stirling Castle. 포스강 하구, 스코틀랜드 남동부의 저지대에서 고지대로 이동할 수 있는 길목에 자리 잡고 있어 스코틀랜드에서 전략적으로 매우 중요한 가치를 지닌 성
- ▣ 자유의 의지를 표현한 영화 〈브레이브 하트〉의 주요 장소였음
- ▣ 메리 여왕이 어린 시절을 보낸 곳이며 1543년 메리 여왕의 대관식을 거행함
- ▣ 르네상스 건축 양식의 전형을 가장 뚜렷하게 나타내는 성이며 내부는 외벽, 포어워크(감시용 타워), 왕실 타워, 왕실 교회 등으로 이루어짐
- ▣ 1286년 알렉산더 3세가 서거하기까지 스코틀랜드 왕실 운영의 중심지로 남아 있었으며 스코틀랜드 독립 전쟁의 주 무대가 됨
- ▣ 2018년 관광 명소 협회에서 발표한 수치에 따르면 한해 60만 5,000명이 방문했으며 클라이즈데일(Clydesdale) 은행이 발행한 20파운드짜리 지폐의 뒷면 배경임

• 스털링성 외관 출처: visitscotland.com

2. 월리스 기념탑

스코틀랜드 독립 전쟁 영웅 월리스를 기리는 기념탑

- Wallace Monument. 13세기 스코틀랜드 독립 전쟁 영웅인 윌리엄 월리스(Willam Wallace)를 기념하기 위한 건축물
- 에든버러 태생 글래스고 건축가 존 토머스 로체드(Jhon Thomas Rochead)가 설계해서 1861년부터 건설되기 시작했고 스코틀랜드 전역의 월리스 기념물 중 하나
- 19세기 스코틀랜드 국가 정체성의 부활과 함께 기금 모금 운동을 통해 건설되었으며 1869년 완공됨. 높이 67m, 빅토리아 고딕 스타일의 타워
- 매년 10만 명 이상의 관광객이 찾으며 운영 시간은 9:30~18:00. 입장료는 성인 10.5파운드(한화 약 1만 5,500원), 어린이 6.5파운드(한화 약 9,500원)

• 월리스 기념탑 외관*

※ 윌리엄 월리스(William Wallace: 1272(혹은 1276)년~1305년 8월 23일) 스코틀랜드의 기사이자 독립 영웅으로 스코틀랜드 독립 전쟁에서 활약함. 영화 〈브레이브 하트〉의 실존 모델

- 앤드루 머레이(Andrew Moray)와 함께 스털링 다리 전투에서 잉글랜드 군을 패퇴시킨 공으로 스코틀랜드의 수호자로 임명되었으며 폴커크 전투에서 잉글랜드의 에드워드 1세에게 패배한 후 에드워드 1세 밑에 있던 스코틀랜드인 기사 존 드 멘테이스(John de Menteith가) 글래스고 근방 로브로이스턴(Robroyston)에서 월리스를 잡아 잉글랜드군에게 넘김
- 7년간 숨어 지내다가 스코틀랜드 귀족의 배신에 의해 발각되어 잉글랜드군에 포박당하고 런던으로 이송되어 웨스트민스터 홀(Westminster Hall)에서 범죄자들의 왕이라는 의미로 나무관을 쓴 채, 양민 학살과 반역죄의 이유로 재판받음
- 그는 반역이라는 죄목에 대하여 '나는 한번도 에드워드에게 속하지 않았으므로 그를 반역할 수조차 없다'고 말함
- 1305년 8월 22일 선고 결과에 따라 옷이 벗겨진 채 말에 끌려 사지가 네 조각으로 찢어지기 직전까지 당겨졌다가 풀어지고 거세된 이후에 내장이 도려져 불태워졌으며 이후 머리가 잘리고 몸은 네 조각으로 나뉘어서 그의 머리는 창끝에 꼽혀 런던 다리에 매달아 놓았고 갈비뼈는 뉴캐슬, 버윅, 스털링, 애버딘에 각각 나뉘어 전시됨
- 월리스가 사용했다고 하는 검은 수년간 덤바턴(Dumbarton)성에 걸려 있었으며 현재는 스털링 근처의 국립 월리스 기념관에 소장되어 있음

3. 던성

스코틀랜드 무관왕의 성

▣ Doune Castle. 스털링 지역의 던(Doune) 마을 근처에 위치해 있으며 테이스 강이 유입되는 우거진 굴곡에 위치함

▣ '스코틀랜드의 무관왕(Sctoland's uncrowned King)'이라 불리는 리젠트 알바니(Regent Albany)의 성이라고 불림

▣ 13세기에 지어진 것으로 추정되며 스코틀랜드 독립 전쟁을 거쳐 14세기 후반 현재의 형태로 재건됨. 이후 1800년에 파괴되었지만 1880년부터 복원 작업이 진행됨

▣ 드라마 〈왕자의 게임〉의 윈터펠 요새의 세트로 활용되었으며 영화 〈몬티 파이튼과 성배〉의 배경이 됨

▣ 폴커크(Falkirk) 전투에서 잡힌 군대의 감옥으로 사용되기도 했으며 당시 수감자들은 침대 시트를 묶어 창문을 통해 탈옥함

• 던성 외관*

4. 스미스 아트 갤러리 박물관

스털링 지역의 중심 문화 센터

- ▣ Smith Art Gallery and Museum. 1874년 설립되었으며 버러 오브 스털링(Burgh of Stirling)의 토머스 스튜어트 스미스(1815~1869)의 요청으로 설립됨
- ▣ 오늘날 스털링 지역의 갤러리, 박물관, 문화 센터로서의 기능을 담당하고 있으며 현대 미술가들에게 전시 기회를 제공하고 스털링의 역사적 공예품, 그림 등을 전시함
- ▣ 4만여 점의 전시품과 예술작품이 있으며 세계에서 가장 오래된 축구공과 컬링 스톤이 있음

• 스미스 아트 갤러리 박물관 외관*

5. 파인애플 별장

이국적인 형상의 여름 별장

- The Pineapple. 스털링에서 동쪽으로 7마일(약 11.3km) 떨어진 곳에 위치한 건물
- 건물의 이름에 맞게 파인애플 모양의 독특한 형태가 특징
- 1761년 던모어 백작(Earl of Dunmore)이 자신의 영지에 지은 여름 별장으로, 이 당시 스코틀랜드에서 파인애플이 매우 이국적인 과일이었음
- 별장 내의 정원과 온실에서 다양한 과일과 채소를 재배했으며 현재는 야생 동물들이 사용할 수 있는 오아시스로 바뀜
- 별장 내에서 운영하는 이벤트로는 캠프 파이어와 새끼 올빼미를 볼 수 있는 프로그램이 있음

• 파인애플 별장 외관 출처: visitscotland.com

6. 홀리 루드 교회

스털링 내 가장 오래된 교회 건축물

- ▣ The Church of The Holy Rude. 스털링 내에서 스털링성 외에 가장 오래된 건축물로, 데이비드 1세가 스털링의 교회 교구였던 1129년 설립됨
- ▣ 로버트 2세는 재위 기간(1371~1390년) 동안 성 루드에 제단을 만든 이후 스털링 교회는 스털링 홀리 루드 교회로 알려짐
- ▣ '홀리 루드(Holy Rude)'는 '성 십자가(Holy Cross)'의 의미를 가짐
- ▣ 1405년 3월경, 화재로 인해 많은 부분이 파괴되었으며 스코틀랜드의 체임벌린 경(Lord Chamberlain of Scotland)이 교회 복구를 위해 보조금을 지급함
- ▣ 1414년 둥근 스코트 기둥, 고딕형 아치, 오크 나무 지붕 등이 완공됨
- ▣ 1997년 5월 24일 엘리자베스 2세 여왕이 성 루드 교회에 출석해 조상의 대관식을 재연하는 모습을 참관하고 행사를 기념하는 기념비문을 공개함

• 홀리 루드 교회 외관(왼쪽), 내부 스테인드글라스(오른쪽)*

8

던디

1. 던디 개황

1) 던디 개요

면적	60km²
인구	15만 명(2023년)
위치 (테이 만 북쪽 강기슭)	
기후	연평균 최고기온 12.4°C, 최저기온 5.3°C, 연평균 강수량 722mm

▣ 던디 시내 지도

▣ 주요 특징

- 주요 공업 도시로 스코틀랜드 동쪽 항구에 위치해 있음, 인구수로 스코틀랜드에서 4번째로 큰 도시
- 과거 던디의 가장 큰 산업은 수산업이었으며 스코틀랜드의 가장 큰 포경 선단 중 하나가 정박해 있었음
- 12세기부터 지방의 중심 도시로서 13세기 자치 도시가 되었으나 잉글랜드와의 전쟁으로 옛 건물이 대부분 파괴되었으며 스코틀랜에서 종교개혁이 가장 먼저 일어남
- 19세기 이후 면직공들이 고래 기름을 섞은 황마를 가방이나 카펫의 포장에 이용하면서 포경 산업과 면직 산업이 발달함
- 세계적 황마 제조지로 떠오르면서 섬유, 캔버스, 밧줄, 카펫 등 다양한 직조물들을 팔았으나, 2차 세계대전 이후 많은 수의 섬유공들이 새로운 산업으로 이전함
- 현재 던디는 창조적 산업, 신기술과, 특히 컴퓨터 게임 산업에 특화됨
- 1901년 스콧(Scott)이 최초 남극 탐험을 행함

- 던디의 모토는 'enjoy, enrich, excel'

▣ 약사

연도	역사 내용
1191	윌리엄 왕이 던디에 헌장 수여
1349	던디 인구 4,000명으로 증가, 와인 및 직물 사업 성장
1520	던디 인구 7,000명으로 증가, 섬유 산업 수출 증가
1548	영국군과의 대치로 인하여 마을의 일부가 화재로 소실
1607	페스트의 발발
1644	몬트로스의 후작과 그의 군대가 던디를 포위함
1651	크롬웰의 군 사령관 몽크는 2주 동안 2,000명을 죽이고 마을을 약탈함
1658	폭풍으로 인해 항구의 대부분이 소실됨
17C	양모 산업의 쇠퇴와 과자, 마멀레이드 산업의 발달
1801	던디 인구 2만 6,000명으로 증가
1835	35개의 방적 공장이 들어섰으며 도시 인구의 절반이 방적 공장에 취직함
1861	던디 인구 9만 명으로 증가
1905	D.C Thomson 설립 연간 2억 개 이상의 잡지, 신문, 만화 생산
1967	던디 대학 독립
1995	캐슬 비즈니스 파크(Castle Business Park) 개장
2000	뉴 오버게이트(New Overgate) 쇼핑 센터 개장 및 던디 아이스 아레나 개장

▣ 문화 및 예술

- 영국의 어린이와 청소년을 위한 만화와 잡지를 출판한 것으로 유명한 DC 톰슨 앤드 선(Thomson & Son Ltd)사의 본사가 위치하고 있으며, 여기서 출판한 유명한 만화와 잡지로는 《더 베아노(The Beano)》, 《더 댄디(The Dandy)》, 《더 프레스 앤드 저널(The Press and Journa)》 등이 있음
- BBC 스코틀랜드 지사 중 하나가 위치해 있으며 지역 라디오 스테이션이 3곳 위치함
- 던디 국제 도서상은 2년마다 열리는 대회로, 신인 작가에게 1만 파운드의 상금과 폴리곤 북스의 출판물을 제공

▣ 경제 활동

- NCR, 미슐랭, 스코틀랜드 왕립 은행, Aviva, Aliiance Truse 등 다양한 기업들이 자리 잡고 있음
- 2009~2014년 불경기로 인하여, 정보통신, 건설, 제조업은 500개의 일자리가 사라졌지만 이와 대조적으로 전문직, 과학기술 분야, 경영 행정 및 서비스 부분은 약 1,000개의 일자리와 300개의 아르바이트가 신규 생성됨
- 대학 연구와 관련된 생물의학, 생물공학 분야는 2,000명가량의 직간접적 고용 효과를 창출하고 있으며 비디오 게임 개발은 지난 20년간 던디의 주요 산업으로 자리함
- 북동 스코틀랜드의 주요 소매업 중심지로 스코틀랜드 소매업 4위에 들었으며 두 개의 대형 쇼핑 센터가 존재함

9

던디의 주요 명소

1. V & A 던디

스코틀랜드의 첫 디자인 박물관

▣ V & A Dundee. 2018년 9월 15일에 개장한 디자인 박물관으로 런던의 빅토리아 앤드 앨버트(Victoria and Albert) 박물관 외에 스코틀랜드에서는 첫 디자인 박물관

▣ 켄고 쿠마(Kengo Kuma)가 영국에서 디자인한 첫 번째 건물

▣ 총면적 8,000m^{2}이며 이 가운데 갤러리 면적은 1,650m^2. 곡선의 콘크리트 벽이 특징적이며 각 무게 3,000kg, 4m 넓이의 돌판을 이용하여 스코틀랜드식 절벽의 모양을 나타냄

▣ 다양한 학교들과 11~12세 학생들을 위한 '스쿨 디자인 챌린지(School Design Challenge)'를 진행

▣ 이외 기타 편의 시설로 레스토랑, 야외 테라스, 카페, 가이드 투어 및 디자인 기념품점 등이 있음

• V & A 던디 외관

• V & A 던디 내부 홀 전경

• V & A 던디 내부 전시품

• 내부 디자인 포스터

2. RSS 디스커버리

스콧 일행이 타고 남극에 처음 도착한 배

- RSS Discovery. 1901년 출항했으며, 20세기 초 영국이 처음으로 남극 지역에서 실시한 공식 탐험 '디스커버리 원정(Discovery Expedition)'에 동원된 배
- 영국 왕립 학회와 왕립 지리 학회 산하 대규모의 원정대가 참가했으며, 로버트 팰컨 스콧(Robert Falcon Scott), 어니스트 섀클턴(Ernest Shackleton) 등이 참가함
- 1901년 출항 이후 1902년 남극에 도착해서 2년간 조사를 끝마친 뒤 1904년 디스커버리호와 원정대가 귀환함

• RSS 디스커버리호 외관

3. 세인트 메리 타워

던디에서 가장 오래 보존된 타워

■ St Mary's Tower. 스코틀랜드의 15세기 후반 고딕 양식으로서 던디에서 가장 오래 보존된 건물이며 종탑, 시계탑뿐 아니라 감옥으로도 사용됨

■ 유럽에서 가장 오래된 교회 건물 중 하나로 꼽히며 1480년대에 교회의 마지막 정사각형 탑이 완성됨

■ 1547년 잉글랜드군이 던디를 점령한 후, 교회에 화재가 발생하여 본당 및 북남쪽이 피해를 입었으며 16세기 후반에 복원됨

■ 1841년 1월 첫 번째 일요일에 난방 시스템으로 인하여 다시 화재가 발생했는데, 이때 본당과 탑만이 온전했으며 교회 내에 있던 그리스, 라틴 등 고대 작품 1,800여 점이 파괴되었음

■ 타워의 높이는 48.8m이며 상단으로 향하는 계단은 232개가 존재함

• 세인트 메리 성당*

4. 로 힐

화산이 만들어준 던디에서 가장 높은 언덕

▣ Law Hill. 고대 화산이 침식되어 만들어진 언덕. 174m 높이로 도시에서 가장 높은 지역이며 던디를 한눈에 바라볼 수 있는 가장 좋은 곳

▣ 도심뿐 아니라 도시를 중심으로 타이강 하구, 타이 레일 다리, 타이 로드 다리, 북해 등을 바라볼 수 있음

▣ 언덕의 끝에 '전쟁 기념비(War Memorial)'가 있으며, 1992~1994년 던디 구의회와 스코틀랜드 엔터프라이즈 테이사이드(Scottish Enterprise Tayside)가 유럽 지역 개발 기금에서 투자를 받아 완공함

• 로 힐 전경

출처: www.shutterstock.com

5. 세인트 폴 성공회 성당

스코틀랜드의 성공회 대성당

- ▣ St Paul's Episcopal Cathedral. 스코틀랜드의 성공회 성당으로 1853년 7월 21일 성당의 주춧돌이 세워졌으며 1855년 완공됨
- ▣ 조지 길버트 스콧(George Gilbert Scott)이 디자인한 것으로 중세 고딕 양식을 가짐
- ▣ 1905년 대성당으로 등재됨
- ▣ 2015년 첫 동성 커플이 결혼을 했음

• 세인트 폴 성당 외관

출처: 구글

10

세인트 앤드루스

1.세인트 앤드루스 개황

1) 개요

면적	4.97km²
인구	1만 7,000명(2023년)
위치 (스코틀랜드 동부 해안, 던디 남동쪽 16km, 에든버러 북동쪽 50km)	
기후	연평균 최고기온 12.2°C, 최저기온 4.9°C, 연평균 강수량 653.9mm

▣ 세인트 앤드루스 시내 지도

▣ 주요 특징

- 종교상의 중심지이며 10~14세기에 건설된 스코틀랜드 최대의 교회 건물이 있었으나, 16세기 종교개혁 시대에 파괴되어 폐허만 남음
- 1411년에 창설된 스코틀랜드에서 가장 오래된 세인트 앤드루스 대학교가 있음
- 세인트 앤드루스 올드 코스는 골프의 발상지로 5년마다 브리티시 오픈이 열림
- 세인트 앤드루의 이름을 따왔으며 티거나흐 연보(Annals of Tigernach)에서 언급되었고 747년부터 교회가 있었음
- 패트릭 해밀턴(Patrick Hamilton), 조지 위샤트(George Wishart) 등 순교자들을 기념한 기념관이 있음

▣ 약사

연도	역사 내용
10c	스코틀랜드 교회의 중심지 역할
1160~1318	세인트 앤드루스 교회 건축
12C	세인트 앤드루스성 건축
1413	세인트 앤드루스 대학교 설립
1559	스코틀랜드 개혁 및 삼국 전쟁으로 인해 막대한 피해를 입음
1589	웨스트 포트(West Port) 설립
1620	왕국 자치령으로 등록
1754	더 로열 앤드 에인션트 골프 클럽(The Royal and Ancient Golf Club) 설립
1801	세인트 앤드루스 인구 4,000명으로 증가
1833	마드라스(Madras) 대학교 설립
1852	철도 개통
1901	세인트 앤드루스 인구 9,000명으로 증가
1978	크래포드 예술 센터 개장
1989	세인트 앤드루스 아쿠아리움 개장
1991	세인트 앤드루스 박물관 개장

▣ 문화 및 예술

- 골프의 발상지로 '골프의 고향'이라는 별명을 가지고 있으며 골프 이벤트, 대회가 열리고 다양한 골프 코스로 골퍼들에게 선망의 장소임
- 카누, 축구 클럽, 럭비 클럽 등 다양한 스포츠가 발달해 있으며 1988년부터 이스트 샌드 레저 센터가 개장하여 운영 중
- 박물관, 아쿠아리움, 식물원들이 있으며 아쿠아리움에는 100여 종이 넘는 어류가 있고 식물원에는 8,000여 종이 넘는 해외 식물이 있음

11

세인트 앤드루스의 주요 명소

1. 세인트 앤드루스 올드 코스

세계에서 가장 오래된 골프 코스

▣ St Andrew's Old Course. 600년의 역사를 간직한 골프 코스이며 동쪽 해안에 자리 잡고 있음

▣ 올드 코스를 비롯하여 총 7개의 골프 코스와 클럽하우스가 자리 잡고 있으며 미국의 페블비치(Pebble Beach)와 더불어 세계에서 가장 인기 있는 골프 코스

▣ 전 세계 18홀 코스 중 가장 오래되었으며 처음에는 22홀이었으나 18홀로 자리 잡은 후 세계 골프장의 기준이 됨

▣ 브리티시 오픈(The Open)의 개최지 중 하나이며 2022년까지 총 29번을 개최함

※ 브리티시 오픈: 세계 최고의 권위와 전통을 자랑하는 골프 대회로 마스터스, US 오픈, PGA 챔피언십과 함께 세계 4대 메이저 골프 대회로 불림

▣ 골프 코스가 링크스(links) 코스이며 이것은 골프 코스에 인공적인 디자인이 아닌 자연 그대로 만들어진 지형 변화를 이용한 골프 코스임

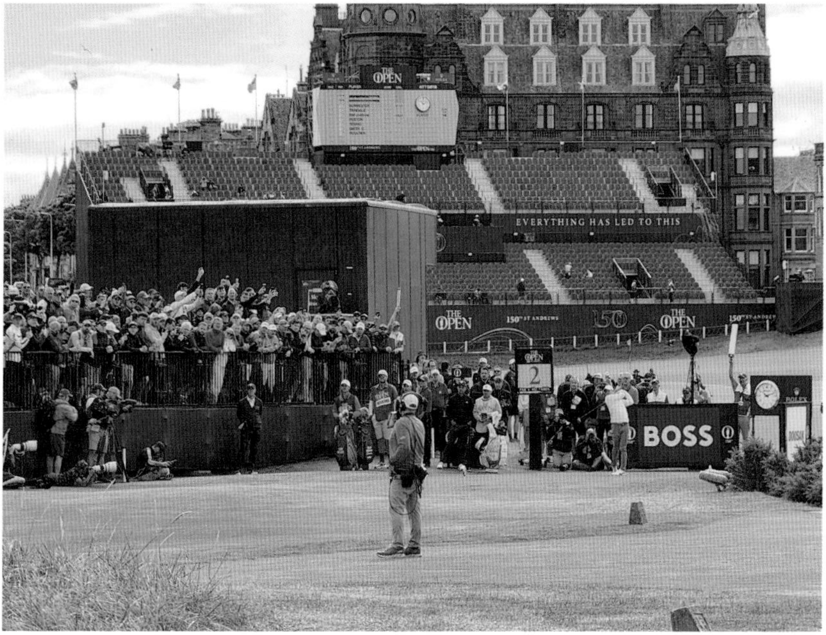

• 2022년 150회 디 오픈 대회에 참가한 로리 매킬로이 선수

• 올드 코스 전경

• 올드 코스 자연 잔디 구장

▣ 스윌칸 다리(Swilcan Bridge)

- 세인트 앤드루스 올드 코스에 있는 작은 돌다리로, 올드 코스의 1~18번째 페어웨이 사이에 있는 스윌칸 번(Swilcan Burn)을 가로지르며 하나의 상징적인 아이콘이 됨
- 다리 자체의 길이는 30ft(9.15m), 폭 8ft(2.44m), 높이 6ft(1.8m)이며 간단한 로마 아치 스타일로 만들어짐

• 올드 코스 스윌칸 다리

▣ 세인트 앤드루스 골프 코스(St.Andrews Golf Courses)

- 총 7개의 코스가 있는데 '올드 코스'가 유명한 대표 코스
- 6개의 골프장 중에 세계의 챔피언십 코스와 짧은 일반 코스 3개가 더 있으며, 어린이들을 위한 코스 1개가 더 있어 총 7개의 코스로 되어 있음

▣ 세인트 앤드루스 골프 코스 비교

	홀 수	길이(야드)	창립 연도	그린피(파운드)	기타
올드 코스(The Old Course)	72	6,721	1552	190	
캐슬 코스(The Castle Course)	71	6,579	2008	120	
뉴 코스(The New Course)	71	6,625	1895	80	
주빌리 코스(Jubilee Course)	72	6,742	1897	80	
에덴 코스(Eden Course)	70	6,250	1914	50	
스트라스타이럼 코스(Strathtyrum Course)	69	5,620	1993	30	
발고브 코스(Balgove Course)	30	1,520		15	

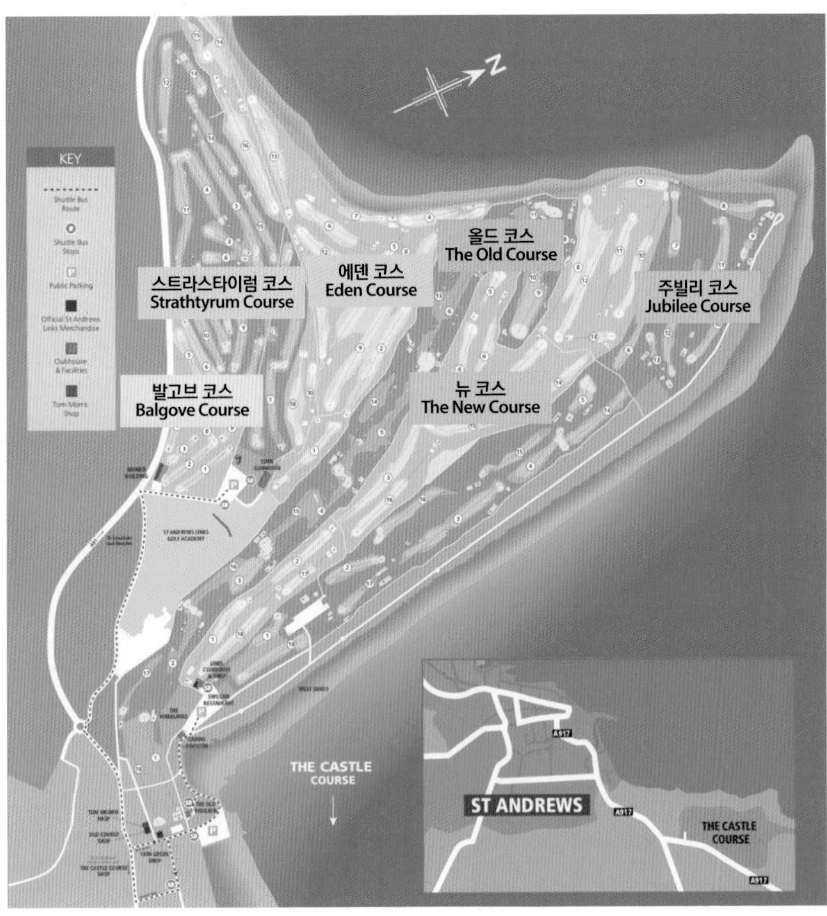

• 올드 코스 종류도

출처: www.standrews.com

2. 세인트 앤드루스 대학

스코틀랜드의 가장 오래된 귀족 학교

- ▣ University of St Andrews. 영국을 대표하는 귀족 학교 중 하나로 유럽을 선도하는 연구 중심 대학으로 손꼽히는 명문대학
- ▣ 영국과 미국을 포함한 영어권 국가에서 옥스퍼드 대학교, 케임브리지 대학교 다음으로 3번째로 설립되었으며 스코틀랜드에서 가장 오래된 대학
- ▣ 학교 건물의 대부분이 중세 시대에 건설되었으며 세인트 샐버터 컬리지(1450), 세인트 레너드 컬리지(1512), 대학 도서관(1612)이 있으며 세인트 샐버터 및 세인트 레너드는 1747년 합병됨
- ▣ 심리학과, 화학과, 지리학과, 경영학과에 강세를 보이며 특히 경영학은 타임스, 가디언즈 등의 순위에서 지속적으로 1위를 기록하고 있음
- ▣ 영국의 윌리엄 왕자가 졸업한 대학이라 명문가 자제 및 권력층의 학생 비율이 굉장히 높으며 최상위권의 입학 점수를 요구해 입학이 어려운 대학교 중 하나로 꼽힘
- ▣ 노벨상 수상자를 5명이나 배출했으며 특히 화학과에서 2명의 노벨 화학상 수상자가 나옴

• 세인트 앤드루스 대학 외관 출처: www.st-andrews.ac.uk

3. 세인트 앤드루스 성당터

스코틀랜드 중세 가톨릭의 중심지

- ▣ St Andrews Cathedral. 1158년에 건축되었으며 스코틀랜드에 있는 중세 가톨릭 성당의 중심지
- ▣ 스코틀랜드에서 건축되었던성당 중 가장 큰 규모를 자랑하는데, 유적지의 길이는 약 119m에 달함
- ▣ 16세기경 스코틀랜드 종교개혁 기간에 가톨릭이 금지되면서 파괴됨
- ▣ 로마네스크 양식으로 오늘날 33m 높이의 정사각형 타워가 남아 있음

• 세인트 앤드루스성당터

4. 골프 박물관

골프의 모든 역사가 보존되어 있는 곳

- ▣ British Golf Museum. 1990년 개장했고 최초 새의 깃털을 이용한 골프 공의 발전 과정 등 중세의 골프 역사 및 남녀 경기, 영국 경기, 국제 경기, 프로 및 아마추어 경기 등 골프와 관련된 역사적 자료들이 존재함
- ▣ 1만 6,000점 이상의 전시품이 있으며 브리티시 오픈 수상자에 관한 전시 중
- ▣ 1989년 클럽하우스 뒤편에 있는 건물에 설립되었으며 옥상 카페를 포함하여 총면적이 580m²에 달함
- ▣ 1층에는 기념품점과 박물관이, 2층에는 카페 겸 식당이 있음

• 골프 박물관 외관

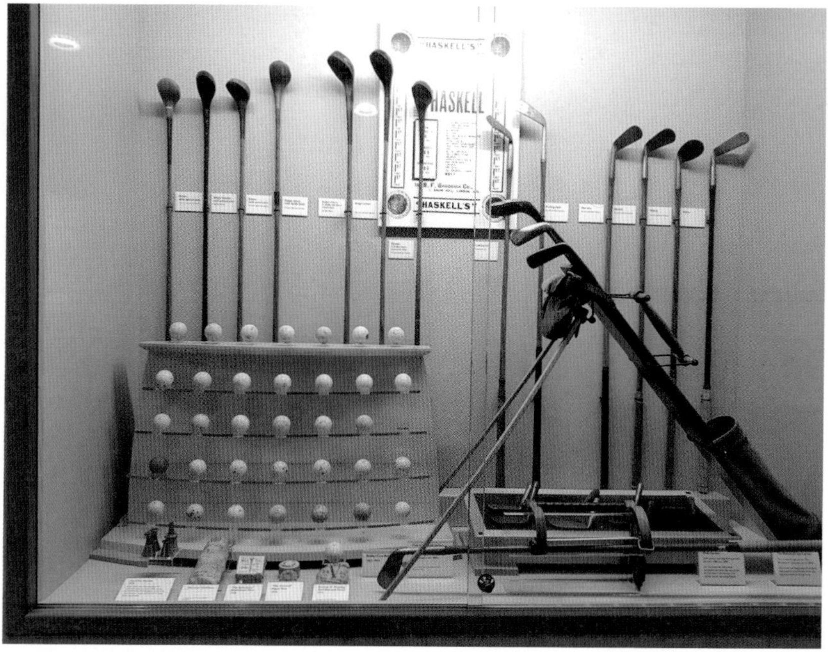

• 과거에 사용되었던 골프 클럽과 골프 공

• 골프 경기 우승자들에 관한 전시관

12

하이랜드

1. 하이랜드 개황

1) 개요

면적	30,659km^2
인구	23만 5,000명(2023년)
위치 (스코틀랜드 북부 지방)	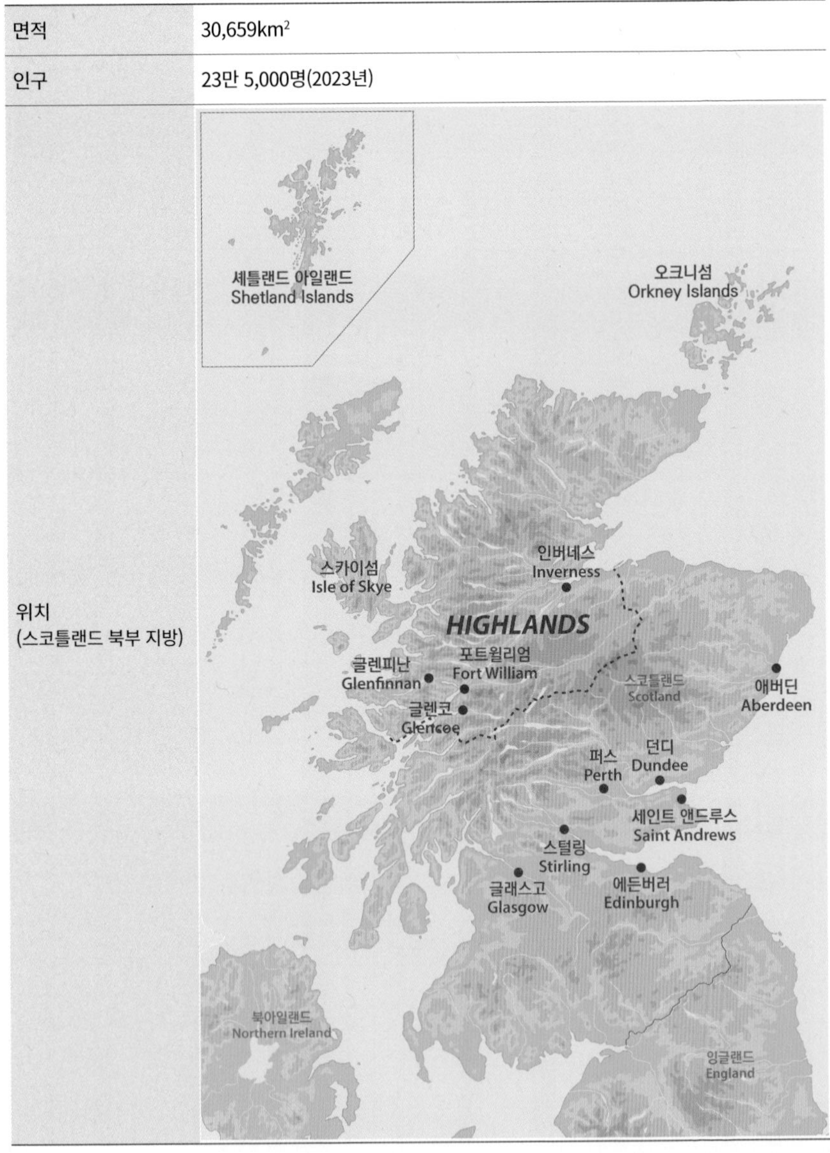

▣ 주요 특징

- 영국의 최북쪽에 위치하고 스코틀랜드 전체 지역의 3분의 1을 차지하며 영국에서 가장 아름다운 경치를 자랑함
- 1km^{2}당 7.6명의 인구밀도로 유럽에서 가장 인구밀도가 낮은 지역 중 하나
- 사암과 화강암의 산악지대로 구성되어 있으며 높이 1,345m로 영국에서 가장 높은 벤 네비스(Ben Nevis)가 있음
- 행정 중심지는 인버네스(Inverness)에 있으며 애버딘셔, 앵거스, 아르길과 부테, 모레이 등 다양한 지역이 포함됨
- 영국 내에서 유일하게 타이가(taiga biome: 북반구 냉대 기후 지역의 침엽수림)가 있는 지방이며 스코틀랜드 소나무 군체들을 볼 수 있음
- 클랜(씨족) 단위의 생활을 했으며 과거 잉글랜드와의 관계가 좋지 않았는데 그 대표적인 사건이 '글렌코 학살 사건(1692)'임
- 전체적으로 땅 값과 인건비가 영국에서 가장 낮은 지역이며 위스키 및 연어 수출(스코틀랜드 전체 연어의 40% 생산)을 담당함

▣ 지역별 특징

- 남동쪽에 위치한 바데노크(Badenoch)와 스트라페이(Strathphey)군은 스페이강(Spey)강의 연어 낚시 및 호수들로 유명하며 하이랜드 민속박물관이 있음
- 남서쪽의 로차버(Lochaber)는 아름다운 호수와 높은 산들이 특징이며 위스키 생산지로 유명함. 또한 유압전기, 동력 관련, 제지업 등이 주요 산업군임
- 중동부의 나이른(Nairn) 지역은 면적이 가장 작은 지역이며 주요 산업은 낙농업이고 발마케이스(Balmakeith) 지역은 전차, 전기, 엔지니어링이 대표 산업임
- 인버네스 지역은 하이랜드의 중심 행정부이며 네스호의 괴물로 유명한 네스호가 위치해 있음
- 대서양 쪽의 스카이(Skye)섬을 포함한 스카이, 로찰시(Lochalsh) 지역은 대표적 관광 구역이며 잠수함의 해저 시험 기지이기도 함
- 중서부의 로스, 크로마티(Ross and Cromarty) 지역은 농업 및 어업이 대표적임

- 가장 넓은 지역인 셔덜랜드(Sutherland) 지역은 암벽이 많은 산악과 해안 지역이 유명하며 어업이 주요 산업임

13

하이랜드의 주요 명소

하이랜드 주요 명소

스카이섬
Isle of Skye
에일린 도난성
Eilean Donan Castle
인버네스
Inverness
더프타운
Dufftown
말라이그
Mallaig
포트 윌리엄
Fort William
케언곰 국립공원
Cairngorms National Park
글렌코
Glencoe
피틀로크리
Pitlochry
러스
Luss
퍼스
Perth
로몬드 호수
Loch Lomond
폴커크
Falkirk

1. 글렌코

웨스트 하이랜드의 꽃

- ▣ Glencoe. 하이랜드에 위치한 커다란 산골짜기로 과거 화산 폭발로 인해 생성된 지형
- ▣ 하이랜드 지역에서 가장 아름다운 길로 꼽히는 'A82'가 통과하는 유명한 협곡
- ▣ '글렌(Glen)'은 스코틀랜드 고유명사에 쓰이는 접두어로 '계곡'이라는 뜻을 가짐
- ▣ 영화 〈007 스카이폴〉의 촬영지이며 레븐 호수를 마주 보고 포트 윌리엄 가는 길에 위치해 있음
- ▣ 스코틀랜드를 대표하는 절경 '웨스트 하이랜드의 꽃' 등 수식하는 단어가 많은 만큼 글렌코는 자연 그대로의 절경을 유지하고 있음
- ▣ 주요 방문지로 세 자매봉(Three Sisters), 아흐트리옥탄 호수(Loch Achtriochtan), 글렌코 방문 센터, 글렌코 기념비(Glencoe Memorial Site), 발라쿨리시 반도(Ballachullish Peninsula)가 있음

※ 세 자매봉은 각각 믿음(Faith), 소망(Hope), 관용(Charity)이라는 의미를 가짐

• 글렌코 세 자매봉

■ 글렌코 기념비(Glencoe Memorial Site) - 글렌코 학살

- 글렌코 지역에 맥도널드 클랜과 캠벨 클랜이 있었으며, 둘은 라이벌 관계로 지냄.
- 명예 혁명으로 윌리엄 3세가 왕이 되었지만, 하이랜드 지방의 대부분은 제임스 2세를 지지하며, 하이랜드 지역 클랜 중 윌리엄을 지지하는 클랜은 캠벨 가문뿐이었음
- 윌리엄 3세는 1691년 8월, 하이랜드의 모든 클랜에 1692년 1월 1일까지 와서 충성을 맹세하는 서약을 하도록 명을 내림
- 당시 맥도널드 클랜이 날씨와 여행 중의 문제로 인하여 1월 2일에 도착하고, 서약은 1월 5일에 이루어짐
- 윌리엄 3세는 맥도널드 클랜을 본보기 삼을 것을 결정하여, 1692년 캠벨 가문의 로버트 캠벨에게 맥도널드 클랜 학살 명령을 내림

- 당시 로버트 캠벨은 약 120명의 수하를 이끌고 맥도널드 클랜을 방문하여, 당시 전통대로 손님 접대에 따라 대접을 받았으나, 1월 12일 학살 명령에 따라 마을의 모든 집에 불을 지르고, 대다수의 인원을 학살함

• 글렌코 학살 기념비

▣ 발라쿨리시 반도

• 발라쿨리시 반도와 호수

• 발라쿨리시 반도 전경

출처: geograph.org.uk

2. 포트 윌리엄

하이랜드 로차버에 있는 마을

- ▣ Fort William. 린네(Linnhe) 호수 주위의 자그마한 도시로 영국에서 가장 높은 산인 벤 네비스(Ben Nevis)에 위치해 있으며 하이랜드 행정 중심지인 인버네스 다음으로 인구가 많음(약 1만 명)
- ▣ 1654년 시민 전쟁 이후 잉글랜드가 캐머런 클랜(Cameron Clan)의 지역 안정화를 위해 만든 목조 요새가 포트 윌리엄의 시초이며 후대 명예 혁명 이후 오렌지 윌리엄의 이름에서 포트 윌리엄이 됨
- ▣ 인버 로치 전투(1645년 2월 2일)가 벌어진 곳으로, 당시 잉글랜드 왕당파를 하이랜드-아일랜드 동맹군이 크게 무찌른 전투임
- ▣ 도시 주변에서 등산, 산악 자전거, 모터사이클, 럭비, 축구 등 다양한 레저 스포츠를 즐길 수 있음
- ▣ 하이랜드 부족의 음악과 문화 축제가 매년 7월에 포트 윌리엄에서 열리며 많은 지역의 어쿠스틱 공연과 전국의 주류 밴드들을 포함한 다양한 스코틀랜드 음악이 모이는 중심지임

• 포트 윌리엄 전경 출처: visitscotland.com

1) 글렌피넌 고가교

▣ Glenfinnan Viaduct. 포트 윌리엄 주변의 콘크리트 철도로 스코틀랜드, 하이랜드, 로카버, 글렌피넌에 있는 웨스트 하이랜드 철도 고가교임

▣ 1897년과 1901년 사이에 건축된 21개 아치의 고가교는 콘크리트를 사용하는 가장 큰 토목 공사 중 하나였음

▣ 웨스트 하이랜드 선으로 포트 윌리엄과 말레이 항구를 연결하는 자코바이트(Jacobite) 증기 기관차는 가장 인기 있는 관광 열차임. 글렌피넌 고가교를 지나 하이랜드의 아름다운 자연경치를 보면서 스카이섬으로 입항하는 선박항인 말레이 항구까지 1시간 35분 소요됨

▣ 글렌피넌 고가교는 샬럿 그레이, 텔레비전 드라마 〈계곡의 왕(Monarch of the Glen)〉, 그 고가교를 가로지르며 달리는 호그와츠 익스프레스(Hogwarts Express) 기차 주변에서 전개되는 풍경으로 유명한 〈해리 포터와 비밀의 방〉을 포함하는 몇 개의 영화와 텔레비전 연속극 촬영지로 이용되고 있음

• 글렌피넌 고가교를 지나는 자코바이트 열차

▣ 글렌피넌 고가교는 스코틀랜드 은행이 발행한 2007년 지폐에서 10파운드의 배경이 됨

• 글렌피넌 고가교

2) 인버로키성 호텔(Inverlochy Castle Hotel)

- ▣ 13세기 고성 이름을 빌린 호텔로 엘리자베스 여왕이 다녀갈 정도로 아름다움
- ▣ 인버로키성은 스코틀랜드의 수도 에든버러에서 북서쪽으로 220km 떨어진 포트 윌리엄에 13세기에 건립된 성. 인버(inver)는 스코틀랜드 말로 강의 입구를, 로키(loch)는 호수를 뜻함. 널따란 호수를 끼고 있으며 영국에서 가장 높은 산 벤 네비스(Ben Nevis, 1343m)를 후면에, 주변에 최고의 경치를 두고 있는 아름다운 성
- ▣ 인버로키성은 오랜 세월이 흘러 황폐한 유적이 돼 버렸지만 19세기 영국 귀족 윌리엄 스칼렛(William Scarlett) 남작에 의해서 재건축되었는데 남작은 1863년 인버로키성에서 약 3km 떨어진 곳에 중세 고딕 스타일의 성을 새로 짓고는 원조의 이름을 따 신축한 성을 인버로키성이라 부름
- ▣ 스칼렛 남작의 고성을 1944년 캐나다 사업가 조셉 홉스(Joseph Hobbs)가 인수했고, 홉스의 아들은 69년 성을 호텔로 바꿔 오픈함
- ▣ 스칼렛 남작이 지은 성은 엄밀히 말하면 13세기 성의 이름만 차용한 성이지만 원조 인버로키성처럼 위풍당당할 뿐더러 훌륭한 주변 환경과 어우러진 모습이 얼마나 뛰어났던지 1873년 인버로키성에 찾아와 1주일간 머물렀던 영국의 빅토리아 여왕은 "나는 이곳보다 더 아름답고 낭만적인 곳을 보지 못했다(Never saw a lovelier or more romantic spot)"라는 말을 남기기도 함
- ▣ 2km^{2}에 달하는 호텔 부지는 '정원'이라고 부르기 어색할 만큼 광활하며 호수를 앞에 두고 산을 뒤에 두었으며 새벽녘 물안개를 감상할 수 있고 한겨울에는 벤 네비스 산이 눈으로 뒤덮이는 장관이 연출되기도 함

• 인버로키성 호텔 전경 출처: www.hideawayreport.com

• 벤 네비스 산

3. 말라이그

스코틀랜드 항구 도시

▣ 말라이그(Mallaig)는 옛 노르웨이 단어인 'Mel Vik'에서 유래한 것으로, '모래 언덕(mel)'과 '만(vik)'을 결합한 것이라 함

▣ 1840년대에 로바트 경(Lord Lovat)은 말라이그베이그(Mallaigvaig)의 농장을 17개로 나누어 이 중에서 서쪽 부분으로 그의 소작인들을 이주시켜 어업을 장려함

▣ 1960년대에는 유럽에서 가장 바쁜 청어 항구였으며 서부 해안의 주요 상업 어항이었으며 현재에도 항구의 공장에서 참나무 훈제 청어를 판매함

▣ 1901년에 웨스트 하이랜드 기차역이 완공되어 마을이 성장함과 동시에 어류 판매 활성화로 어업의 가치가 상승함

▣ 글래스고까지 가는 웨스트 하이랜드(West Highland) 철도는 세계 최고의 철도 여행지로 선정되었고 5시간의 여행 동안 로몬드, 가레로치, 란노치, 무어, 벤 네비스, 글렌피넌, 글렌시엘, 로치 에일 등의 경치들을 볼 수 있음

▣ 스카이섬, 아르마데일(Armadale), 뇨다트(Knoydart) 등까지 정기적인 페리보트가 운행됨

• 말라이그 마을 모습

4. 스카이섬

신화와 전설의 아름다운 섬

- Isle of Skye. 1,656km^{2}의 면적을 가졌으며 루이스(Lewis), 해리스(Harris) 섬 다음으로 스코틀랜드에서 큰 섬
- 초록빛 동화의 마을처럼 비치는 계곡, 암벽, 능선과 아름다운 바닷가 비경, 시시각각 변화무쌍한 바람, 태양, 구름 등에서 자연의 신비로운 풍경을 느낄 수 있음
- 자연은 독특하고 신비로우며 아이슬란드의 자연과 묘하게 비슷한 느낌이며 현지인들은 '신화와 전설의 땅'이라고 부름
- 바위산인 '올드 맨 오브 스토르(Old man of Storr)'는 스카이섬에서 가장 멋진 절경 중 하나로 밑에서 보는 풍경도 훌륭하지만 위에서 바라보는 세상 또한 아름다움
- 굴곡진 산, 넓은 초원, 거대한 호수가 모여 완성한 풍경을 보고 싶다면 스카이섬 동쪽의 퀴랑을 추천. 많은 트레킹 코스가 있음
- 스카이섬으로 가는 방법은 육로로는 하이랜드 육지 카일 오브 로할시(Kyle of Lochalsh) 지역에서 연결된 스카이 브리지(1995년)를 통하는 방법과 말라이그항에서 여객선을 이용하는 방법이 있음

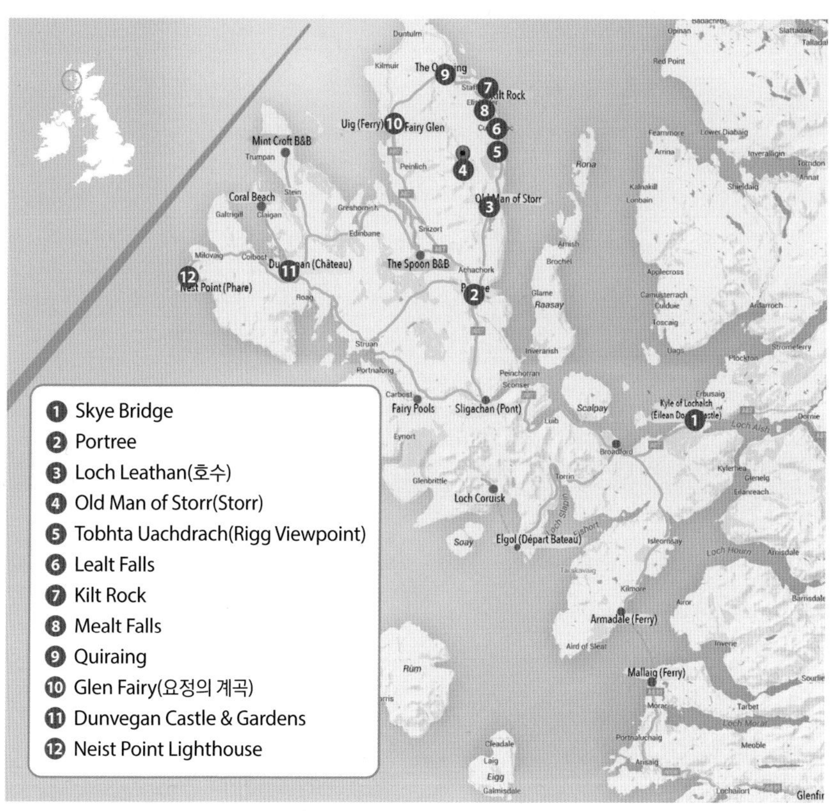

• 스카이섬 안내도

1) 포트리(Portree)

▣ 스카이섬의 작은 항구이지만 제일 큰 소도시로 스카이섬의 행정, 문화, 교육 등의 중심지 역할을 하며 약 1,000여 명이 거주함

▣ 포트리는 겨우 200년 역사에 불과함. 19세기 초에 당시 맥도널드 경에 의해 어촌으로 만들어졌으며 포트리라는 이름은 일반적으로 1540년 제임스 5세(스코틀랜드) 국왕의 방문에서 유래된 것으로 생각되지만 항만 주변은 왕이 도착하기 훨씬 전에 포트리 또는 포트레이라고 불렸다 함

출처: 위키피디아

2) 리선 호수(Loch Leathan)

▣ 길이 560m, 넓이 290m의 아름다운 호수로서 송어 낚시로도 유명

출처: www.locationscout.net

3) 올드 맨 오브 스토르(Old man of Storr)

- ▣ 스카이섬 북동쪽 바위투성이 절벽에 위치한 바위 기둥으로 스카이섬에서 가장 멋진 절경 중 하나. 뾰족한 바위기둥이 마치 단 위에 세워 놓은 뾰족한 전나무처럼 절묘한 모습으로 멀리서 보면 노인의 옆얼굴을 연상하게 한다는 뜻에서 스토르의 노인(Old man of Storr)이라고 불린다 함
- ▣ 약 2만 년 전 빙하기 시절에 깎이고 다듬어진 흔적으로 49m의 기둥과 받침 부분은 약 24개의 층으로 켜켜이 쌓인 화산암인데 6,000만 년 전 이 지역에 왕성했던 화산 작용의 결과로 생긴 검은 현무암으로 만들어짐(해발 719m에 위치, 1시간 소요)

• 올드 맨 오브 스토르 출처: www.amusingplanet.com

4) 토브타 우크드라흐(Tobhta Uachdrach)(Rigg Viewpoint)

- ▣ 스카이섬의 환상적인 전망을 한눈에 볼 수있는 전망대로 게일어로 어퍼 토프트(Upper Toft), 위편 언덕이라는 의미라 하며 바다 건너 스코틀랜드 육지가 보이며 급경사의 해안 절벽이 바다와 나란하게 끝없이 뻗어 있는 모습이 가장 아름다움

5) 릴트(Lealt) 폭포

▣ 영국에서 가장 아름다운 폭포 중 하나로 협곡에 있음

• 릴트 폭포 전경*

6) 밀트(Mealt) 폭포와 킬트 락(Kilt Rock)

▣ 밀트 폭포는 스카이섬의 호수들과 연결된 릴트(Lealt)강이 바다를 향해 낙하하는 구간으로 높이는 55m이며 밀트 폭포와 더불어 있는 주상절리 절벽인 킬트 락도 절경임

• 밀트 폭포 전경*

• 킬트 락 전경 출처: www.shutterstock.com

7) 퀴랑(Quiraing)

▣ 퀴랑 호수와 개울 멀리 보이는 언덕과 산, 넓은 초원, 거대한 호수가 모여 완성한 풍경을 볼 수 있으며 트레킹 명소로도 유명함

• 퀴랑 전경*

8) 글렌 페어리(Glen Fairy, 요정의 계곡)

▣ 푸른 잔디와 이끼로 덮인 바위와 절벽, 연못이 산재해 있는 원추형 언덕으로, 흩어진 폭포 등이 모두 한 작은 지역 안에 있어 축소된 형태의 대규모 지질 형태가 경이롭게 보임

• 글렌 페어리 전경 출처: www.shutterstock.com

9) 던베건(Dunvegan)성과 정원

▣ 13세기에 지어진 요새의 성이며 19세기에 성 전체가 더 웅장하고 역사적인 느낌이 나도록 중세시대의 건축 방식으로 개조됨. 해발 15m의 바위 위에 세워진 성으로 약 800년 동안 맥레어드(MacLeod) 가문이 거주함

▣ 건물 내부에는 고풍스러운 가구와 가족의 초상화, 책, 트로피, 무기 등을 전시함. 19세기 영국 소설가 월터 스콧, 엘리자베스 2세 여왕 등 유명 인사가 방문했음

• 던베건성과 정원 전경 출처: facebook.com/DunveganCastle

10) 네이스트 포인트(Neist Point) 등대

▣ 스카이섬의 서쪽 지역에 있는 등대로 1909년 건축되었으며 아름다운 바다와 푸른 초원과 양떼, 하얀 등대가 어우러진 풍경을 감상할 수 있는 장소

• 네이스트 포인트 등대 전경 출처: www.shutterstock.com

5. 에일린 도난성

세계에서 가장 아름다운 10대 성

▣ Eilean Donan Castle. 3개의 호수가 만나는 교차점에 만들어졌으며 교통 및 군사적 요충지에 세워진 성

▣ 6세기에 도난 주교(Bishop Donan)가 스코틀랜드에 정착한 후 교회와 작은 마을이 생긴 이후부터 에일린 도난(Eilean Donan; 도난의 섬)이라 불림

▣ 13세기 바이킹의 침략에 맞서 요새화된 성이 건축되었으며 14세기 말경에 성의 면적은 원래 크기의 5분의 1로 축소되었고 16세기에 이르러 대포 발사를 위해 동쪽 벽에 포대가 설치됨

▣ 1719년 재커바이트의 지원을 받는 스페인군의 요새로 활용되었으나 잉글랜드 정부군의 공격으로 파괴되어 1912년까지 폐허로 버려짐

▣ 1919년부터 1932년까지 존 맥래이 길스트랩(John MacRae-Gilstrap)이 복구했으며 에든버러 건축가인 조지 매키 왓슨(George Mackie Watson)이 복구 설계 및 건축을 담당함

▣ 1983년부터 콘크라 트러스트(Conchra Trust)에서 관리하고 있음

▣ 영화 〈하이랜더(Highlander, 1986)〉, 〈007 언리미티드(James Bond-The World is Not Enough, 1999)〉의 배경으로 등장

• 에일린 도난성 전경 출처: www.shutterstock.com

6. 인버네스

하이랜드의 수도

- Inverness. 스코틀랜드 고원에 있는 하이랜드의 중심 도시로 네스강 근처에 위치하며 칼레도니아 운하가 지나는 하이랜드 의회의 행정 중심지(인구 6만 명)
- 인버네스는 게일어 'Inbhir Nis(네스 강의 입)'에서 유래되었음. 도시는 전설의 괴물 네스가 살고 있다는 네스 호수와 이어져 있으며 호수 길이는 약 37km로 운하로 포트 윌리엄까지 도달할 수 있음
- 피크 왕국의 수도였으며 12세기에는 캔모어의 왕 말콤 3세가 성을 세우고 특권 도시로 삼으면서 성에 오랫동안 왕족들이 거주하며 요새로 사용했음
- 1746년 제임스 2세를 지지하던 자코뱅당이 요새를 파괴했고 19세기에 성으로 재건축함
- 1996년 영국에서 가장 아름다운 도시를 뽑는 '블룸 오브 브리튼(Bloom of Britain)'에서 인버네스가 1등을 차지했고 2000년 영국 여왕이 선출한 3대 아름다운 도시 중 하나로 선정됨

• 인버네스 전경 출처: www.scotsman.com

■ 주요 명소로 셰익스피어의 4대 비극 중 하나인 〈맥베스〉의 배경이며 현재 주 재판소로 사용되고 있는 인버네스성(Inverness Castle), 아름다운 호수로 목이 긴 거대한 괴물인 네시가 살고 있다고 전해지는 네스 호수(Loch Ness) 및 13세기 성 유적인 어쿼트성(Urquhart Castle)이 있음

■ 인버네스 코트(어깨부터 소매 대신 케이프를 단 코트)는 인버네스 지명에서 유래함. 인버네스 코트는 방한용 남자용 코트로서 두꺼운 모직물로 만들어 외출 때 겉옷 위에 덧입으면 편하고 따뜻하며 품위가 있어 보임

■ 경기계 제조, 모직, 가공식품업이 주요 산업이었으며 현재는 첨단 산업 및 석유 생산에 따른 제조업과 서비스업이 발달함

• 인버네스 코트*

1) 인버네스성(Inverness Castle)

▣ 네스강이 내려다 보이는 해안의 낮은 절벽 위에 자리 잡고 있음

▣ 1835에서 1846년 사이에 완공된 것으로 최초의 인버네스성은 11세기 캐슬힐(Castle Hill) 동쪽, 크라운 지역에 서 있었을 것이라고 추정하며 멕베스가 던컨 왕을 시해했던 비극이 연출되었다고 알려져 있어 가끔 네스 강둑에는 왕의 복장을 한 던컨 왕의 유령이 나타난다고 함

▣ 1057년 말콤 3세가 지었으나 18세기에 파괴되어 1836년 현재의 네오 노르만 양식의 성으로 복구함

• 인버네스성 전경

▣ 인버네스성 주변으로 인버네스 박물관과 미술관, 19세기 말 건축된 신고딕 양식의 세인트 앤드루스 성당, 타이타닉 인버네스 해양 박물관 등 명소가 있음

■ 플로라 맥도널드(Flora MacDonald)

스코틀랜드 애국의 영웅 동상. 플로라 맥도널드(1722년~1790년 3월 5일)는 잉글랜드와 스코틀랜드 전쟁 시에 패배한 스코틀랜드의 찰스 에드워드를 피신시킨 스코틀랜드의 용감한 애국 여성

• 인버네스성에 위치한 플로라 맥도널드 동상

2) 네스 호수(Loch Ness)

▣ 스코틀랜드 고지를 양단하는 그레이트글렌 계곡에 자리 잡은 네스호는 영국에서 가장 큰 담수호로 수심이 240m, 평균 너비 1.6km, 길이가 36km에 달하며 포트 윌리엄에서 인버네스를 거쳐 칼레도니안 운하에 닿을 정도로 어마어마한 규모로 호수에 괴물 '네시(Nessie)'가 산다는 전설이 내려와서 유명해짐

▣ 6세기경부터 네시 이야기가 나돌았으나 세계 언론의 주목을 받기 시작한 것은 1933년 영국인 부부가 관광 도중 거대한 공룡 같은 검은 물체를 봤다고 주장한 이후임. 1975년 미국인 변호사가 네스호에서 찍었다며 목을 길게 내놓은 공룡 형태의 사진을 내놓아 신비감을 더했으며 이후 네시를 보았다는 사람들이 많았지만 실체는 없음

▣ 2003년 7월 영국 BBC 방송이 수중 탐험 전문가와 생물학자들을 동원해 음파 탐색기와 위성 추적 장치를 이용하여 네스호 내부를 샅샅이 탐색했지만 네시의 존재는 탐지되지 않았음

▣ 트레킹 등 다양한 레저 활동 가능

• 네스호 전경

3) 어쿼트(Urquhart)성

- ▣ 13세기 성(城)의 유적으로 1230년에 건설되었음. 1296년 에드워드 1세 때 잉글랜드 군이 점령했으며 14세기 중반 스코틀랜드 왕가에서 성을 되찾았음. 1792년 성이 크게 훼손된 이후 폐허가 되었으며 지금은 영국 내셔널 트러스트(National Trust) 에서 관리함
- ▣ 성의 훼손된 흔적을 보면 적의 공격에 의해 파괴된 것이 아니라 고의로 무너뜨린 것이라고 하는데 영국의 명예 혁명 후인 1692년에 왕당파인 윌리엄 왕이 급진 혁명파 군에게 성을 빼앗길 것을 두려워해서 일부러 이 아름다운 성을 파괴시켰다 함
- ▣ 오래전부터 네스호를 바라보는 전략적인 위치에 자리 잡은 채 수백 년 동안 많은 왕들과 여러 귀족 가문들에 의해 뺏고 뺏기는 일이 되풀이되다가 왕이 아예 반대파들이 사용하지 못하도록 이 성을 부숴 버린 것임

• 어쿼트성 전경

4) 포트 어거스터스(Fort Augustus)

- ▣ 네스 호수의 남서쪽에 위치한 작은 마을
- ▣ 1715년 자코바이트 난의 여파로 웨이드 장군(General Wad)은 컴버랜드 공작의 이름을 딴 요새를 지었으며 이 요새 주변으로 정착지가 활성화되어 마을이 이루어졌으나 1746년 3월 자코바이트에 의해 함락당함

• 포트 어거스터스 전경

7. 더프타운

몰트 위스키의 수도이자 성지

▣ Dufftown. 몰트 위스키의 수도(Malt whisky Capital of the world). 세이사이드(Seyside)강 주변 지역을 스페이사이드(Speyside)라고 하며 더프타운은 스페이사이드 지역에 속함. 피디치(Fiddich)강과 둘란(Dullan) 개울을 끼고 형성된 2,000명이 거주하는 마을임

▣ 위스키를 생산하는 증류소는 9개가 있으며 이 중 더프타운 증류소는 제분소였지만 1896년 증류소로 바뀌었으며 1933년 벨스 앤드 손즈(Bell's & Sons)에 인수되었음. 그 이후 블렌디드 위스키 벨스(BELL'S)의 키몰트를 담당하고 있음

▣ 윌리엄 그랜트(William Grant)가 생산하는 스카치 위스키인 글렌피딕(Glenfiddich)과 발베니(The Balvenie) 공장이 있음

▣ 1839년에 완공된 시계탑은 원래 마을 감옥이었고 관광 안내소 역할을 함

▣ 더프타운 하이랜드 게임(Dufftown Highland Game)은 1892년 '개더링(Gathering)'이라는 이름으로 몰트라치 교회에서 시작된 게임으로 현재까지 이어져 오고 있음

• 퍼레이드가 진행 중인 더프타운 출처: visitscotland.com

▣ 더프타운 시내 지도

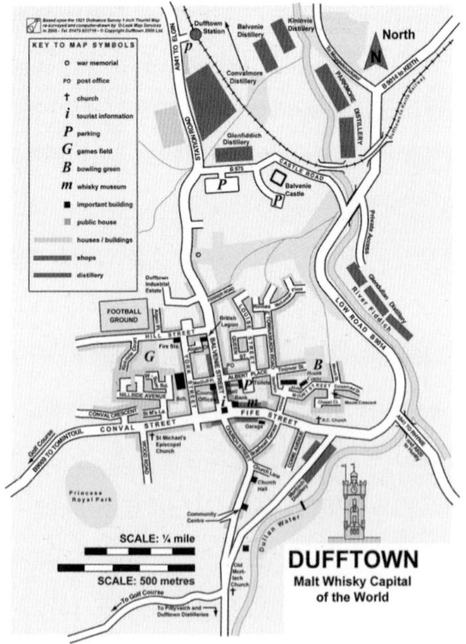

출처: www.dufftown.co.uk

8. 글렌피딕 증류소

계곡에서 탄생한 최고급 위스키 주조장

- ▣ Glenfiddich Distillery. 1887년 윌리엄 그랜트가 설립된한 싱글 몰트 위스키 증류소
- ▣ 글렌피딕(Glenfiddich)은 게일어로 골짜기를 뜻하는 글렌(Glen)과 사슴을 뜻하는 피딕(Fiddich)의 합성어로 '더 맥켈란', '더 글렌리벳', '더 글렌모렌지', '더 글렌그랜트' 등과 함께 세계적인 싱글몰트 위스키
- ▣ '15년산 솔레라(Solera)'는 위스키 전문가들이 가장 선호하는 위스키이며 꿀과 바닐라 같은 복잡하고 깊은 향이 특징임. 주력 위스키로는 12년, 15년, 18년, 21년 등
- ▣ 캐스크(술을 담는 통)를 전문적으로 제작하는 제작장이 있는 것이 특징

• 글렌피딕 증류소 전경

• 글렌피딕 증류소 내부

• 위스키를 제조하는 증류소 내부

■ 제조 과정

① 맥아 제조(Malting)

- 맥아 제조란 보리를 맥아(Malt)로 만들기 위하여 발아를 돕는 것으로, 맥아란 엿기름(보리에 물을 부어 싹이 트게 한 다음 말린 것)을 의미하며 보리에 적정량의 온기와 수분을 공급해 주면 보리 안에 있는 배아 식물이 자라 싹을 틔움

② 분쇄(Milling) 및 담금(Mashing)

- 발효에서 전분, 당분, 효소 등 분쇄된 맥아의 내용물이 가능한 한 최대로 용해될 수 있도록 당화조(Mash Tun)에서 당분 용해액을 만드는 과정으로 63~64도 사이의 뜨거운 물에 들어가면 효소에 의해 전분이 당으로 바뀜

③ 발효(Fermentation)

- 맥아즙의 당분 속에서 효모가 화학적 변화를 일으켜 알코올과 이산화탄소 등을 생성하는 과정으로 워시백(washback)이라 불리는 발효통에 효모를 첨가하여 발효시킴. 48시간 내에 발효가 완료되며 최종 알코올 도수는 7~10도 정도 되며 워시(wash)라 부름. 발효된 워시는 증류를 거치기 전에 저장 양조통으로 보내짐

④ 증류(Distillation)

- 워시에 열을 가하여 효모의 활동을 멈추게 하며 물과 알코올의 끓는점 차이를 이용하여 높은 도수의 알코올을 추출하기 위한 과정
- 순수 몰트 위스키의 경우 구리로 만든 단순한 구조의 단식 증류기로 증류
- 제1단계로 1차 증류기인 워시 스틸에서 워시를 증류하는데 직접 불을 가하거나 증기를 이용해 가열하는 방법을 사용함. 워시를 가열하면 알코올의 끓는점이 물의 끓는점보다 낮으므로 알코올이 물보다 먼저 증발하게 되는데 이 기체를 모아서 냉각하면 알코올 농도가 높은 액체를 얻을 수 있으며 이 액체를 모은 것이 바로 알코올 함량 20%의 로 와인(Low Wine)
- 제2단계는 로 와인을 2차 증류기인 스피릿 스틸에서 증류하는 작업. 증류 작업을 통제하고 관리하는 과정이자 알코올 순도를 조절하기 위한 단계로 알

코올은 보통 70도인데 여기에 물을 첨가하여 63.5도로 희석시킨 후 통에서 숙성시킴

※ 스코틀랜드에서는 일반적으로 두 번 증류하지만 세 번의 증류 과정을 거치는 증류소도 있음

⑤ 숙성(Maturation)

- 오크 통에 넣어 숙성 과정을 거치는데 스카치 위스키는 법적으로 적어도 3년간 창고에 봉인된 채 숙성되어야 한다고 명시되어 있지만 통상 3년보다 오랜 시간 숙성 창고에 넣어 두게 됨
- 숙성시 사용하는 오크 통의 종류와 기후는 위스키 제조의 마지막 단계에서 중요한 역할을 하는데 숙성 과정은 위스키의 최종 풍미에 최대 60%까지 영향을 미칠 수 있음
- 오크 통이 작을수록 숙성이 빠르게 진행되고 통이 클수록 상대적으로 천천히 숙성됨
- 위스키는 나무통 속에서 더 오랜 시간을 보낼수록 성장하고 변화하는데 매년 1~2%의 술이 증발하며 알코올이 더 휘발성이 강하기 때문에 실제 술의 알코올 함유량은 더 떨어질 수밖에 없으며 12년간 저장된 통에서는 총 25%의 내용물이 증발되는데 이렇게 자연 증발로 잃는 손실을 '천사의 몫(Angel's Share)'이라고 함

⑥ 병 주입(Bottling)

- 말 그대로 숙성된 위스키를 병에 담는 과정

9. 피틀로크리 마을

영국에서 가장 아름다운 마을로 선정된 빅토리아풍 마을

- ▣ Pitlochry. 스코틀랜드 퍼스셔에 위치하며 인구는 2,776명이고 1863년 철도가 놓인 이후 관광지로 발전한 빅토리아 시대의 마을
- ▣ 170년 이상 관광 도시로서의 역할을 했으며 마을 이름의 유래는 게일어 'Pit Cloich Aire(보초용 암석의 장소)'에서 유래했음. 오늘날 그 암석은 2개가 남아 있는데 하나는 티흐 나 클로이치(Tigh na Cloich)에, 다른 하나는 노스랜드(Northland)의 정원에 있음. 이 중에서 던펄랜디 석판(Dunfallandy Stone)은 1200년 전에 만들어진 것으로 유명함
- ▣ 트레킹과 MTB, 암벽등반 등 자연 속에서 레포츠를 즐길 수 있는 곳으로 유명함
- ▣ 피틀로크리 발전소는 T. H. 일리(T.H. Eley)가 설계했으며 1947년에 만들어진 수력 발전소임
- ▣ 스코틀랜드에서 가장 작은 양조장인 에드라듀어 양조장, 순백색의 아름다운 블레어성 등의 관광지가 있음

• 피틀로크리 마을 전경 출처: visitscotland.com

10. 퍼스 마을

12세기 스코틀랜드 수도

- ▣ Perth. 스코틀랜드 중부에 위치하여 시내 중심으로 테이(Tay)강이 흐르는 조용한 마을로서 12세기 스코틀랜드 수도였음
- ▣ 퍼스라는 이름의 유래는 'Pictish(나무 혹은 잡목림)'에서 유래됨
- ▣ 대표적 명소로 스코틀랜드 왕들의 즉위식이 개최되었던 스콘 궁전(Scone Palace)이 있음
- ▣ 1828년 스코틀랜드 작가 월터 스콧이 쓴 〈퍼스의 금발하녀(Fair Maid of Perth)〉의 이야기가 유명해지면서 '금발의 도시(The Fair City)'라는 별명이 붙음
- ▣ 1900년에 개관한 퍼스 극장은 스코틀랜드에서 가장 오래된 극장 중 하나이며 새로운 스튜디오 공간, 청소년 극장, 건설 워크숍, 공연장 등을 수용하기 위한 재생을 함
- ▣ 스코틀랜드에서 가장 오래된 지방 박물관인 퍼스 박물관, 12세기 중반에 건설된 세인트 존스 교회, 퍼스에서 가장 오래된 건물인 페어 메이드의 집 등의 관광지가 있음

• 퍼스 마을 전경 출처: 플리커 – Robin Fernandes

11. 스콘 궁전

18세기에 재건된 퍼스 지역의 궁전

▣ Scone Palace. 12세기 당시 스코틀랜드의 수도였던 퍼스에 건설된 수도원으로 스코틀랜드 왕들의 대관식에 사용되었던 스쿤의 돌(운명의 돌)이 있었던 궁전

※ '스쿤의 돌' 또는 '운명의 돌'은 1296년 잉글랜드의 왕 에드워드 1세가 가지고 런던 웨스트민스터 사원에 두었다가 1996년 스코틀랜드에 다시 반환되었으며 현재 에든버러성에 보관되어 있고 대신 스콘 궁전에는 모조품을 전시함

▣ 6세기 켈트족의 교회가 있었으며 12세기에 아우구스티누스 수도회의 수도원으로 개조되었고 1802년부터 1812년까지 재건축을 거쳐 신고딕 양식의 궁전이 완성됨

▣ 궁전 안에는 가구, 도자기, 시계 초상화 등 수많은 수집품들이 있으며 현재 맨스필드 백작 가문의 소유

• 스콘성 교회(위) 와 궁전(아래)*

12. 로몬드 호수

영국 최대 규모의 호수

- ▣ Loch Lomond. 글래스고 북쪽 담수 호수로, 영국에서 가장 규모가 큰 호수임
- ▣ 호수의 총 길이는 36.2km, 표면적 70km², 호수의 깊이 190.5m로 거대한 면적을 차지하고 있으며 이 지역의 식생은 영국에 사는 식물 종의 4분의 1 이상임
- ▣ 스피드 보트, 카누, 윈드서핑, 낚시 등 수상 스포츠의 천국으로 불림
- ▣ 호수에는 30개 이상의 섬이 있으며 로몬드의 보석이라도고 불림. 섬들은 대부분 사유지이지만 '인크카일로크', '부신치', '케아다크'라 불리는 섬은 자연보호구역으로 지정되어 새들을 관찰할 수 있음
- ▣ 하이랜드와 로랜드를 구분하는 지질학적 경계 지역으로 호수와 그 주변은 국가적으로 경치 좋은 지역으로 지정되었으며, 트로삭스 국립공원의 일부를 형성하고 있음

• 로몬드 호수 전경*

13. 러스

호숫가의 아름다운 동화 속 마을

▣ Luss. 영국 최대 호수인 로몬드 호수 옆에 있으며 트로삭스 국립공원 내에 위치함

▣ 마을 초입의 로호 로몬드 암스 호텔에서 일직선으로 뻗은 길가에는 화사하게 꾸민 집과 상점들이 있어 동화의 마을이라고 불림

▣ 중세시대부터 사람들이 살았으나 현재의 마을은 18~19세기 당시 슬레이트 광산의 일꾼들을 수용하기 위해 만들어짐

▣ 1500년경 이곳의 이름은 '클라찬 두(Clanchan Dhu: 어두운 마을)'였는데 이는 마을 주변을 둘러싸고 있는 언덕들의 그림자 때문임. 성 케소그(St Kessog)가 이 마을에서 가톨릭을 전파하고 순교했을 때 허브로 방부 처리를 했는데 그 이후 무덤에서 허브가 자랐다는 전설이 있어 마을 이름이 갤릭어로 허브를 뜻하는 '러스(lus)'로 바뀜

• 러스 마을의 주택*

14. 폴커크

스코틀랜드 중부에 있는 마을

- ▣ Falkirk. 스털링셔군 내에 있는 스코틀랜드 중부 저지대에 위치한 마을로 에든버러와 글래스고 사이에 있음
- ▣ 안토닌 장벽(Antonine Wall)은 2세기부터 존재했으며 로마 제국의 북쪽 경계를 표시했음. 유네스코 세계 문화유산으로 지정됨
- ▣ 15세기의 요새인 블랙니스성(Blackness Castle)은 멜 깁슨 주연의 영화 〈햄릿〉의 완벽한 배경이 되었으며 TV 드라마 시리즈인 〈아웃랜더〉의 배경이 됨
- ▣ 윌리엄 월리스(William Wallace)의 군대가 폴커크 전투에서 1298년 패배했으나 1746년 보니 프린스 찰리(Bonnie Prince Charlie)는 하노버인들을 물리침
- ▣ 파크 갤러리는 600년 역사를 가진 저택으로 박물관으로 재생됨
- ▣ 세계 유일의 로터리 운하 커넥터인 폴커크 휠은 폴커크 안에 위치하며 2002년에 완성되어 포스 운하와 클라이드 운하를 유니온 운하와 연결함

• 폴커크 마을의 길거리*

15. 헬릭스

지역 커뮤니티를 연결하는 거대한 에코 파크

- ▣ The Helix. 2003년 폴커크 녹지 계획 사업의 일환으로 에코파크 건설이라는 아이디어가 시작되었으며 폴커크와 그랜지마우스(Grangemouth) 사이의 땅에 약 350ha의 면적을 자랑함
- ▣ '헬릭스(Helix: 나선)'라는 이름은 이 프로젝트의 형상이 랭글리스(Langless)에서 로리에스톤(Laurieston)과 폴몬트(Polmont)까지 소용돌이 형을 띠어 붙여짐
- ▣ 광범위한 경로망에 따라 16개의 지역 커뮤니티와 연결되어 있음
- ▣ 폴커크 의회 중앙 스코틀랜드 산림회(Central Scotland Forest Trust)와 스코틀랜드 운하(Scottish Canals)는 폴커크 및 그랜지마우스 등 14개의 지역 커뮤니티를 연결하는 에코파크에 대한 마스터 플랜을 준비했으며 2007년 11월 빅복권 기금(Big Lottery Fund)에 약 1,000~2,500만 파운드의 보조금을 입찰함

• 헬릭스 공원 지도 출처: www.thehelix.co.uk

▣ 켈피스(The Kelpies)

- 켈피스라 불리는 두 개의 말 머리 모양의 조각상은 글래스고 출신 앤디 스코트가 제작한 것으로 각각 높이 30m, 무게 300톤에 달하는 공공 조각이며 제작비는 500만 파운드(한화 약 87억) 투자되었음
- 2013년 6월부터 설치를 시작해 10월에 완공되었으며 전체 조형물의 겉면은 스테인리스 철판 990개가 소요됨
- 켈피는 스코틀랜드 전설에서 '물의 정령'이라는 뜻과 함께 말 모습으로 나타나는 '물귀신'을 뜻함

• 켈피스

16. 폴 커크 휠

세계 최초의 회전식 보트리프트

■ Falkirk Wheel. 세계 최초의 회전식 보트리프트(boat-lift)이며 켈트식 이중날 혹은 배의 프로펠러와 유사한 형태를 띰

■ 영국의 운하 재건 계획인 밀레니엄 링크의 일부분이며 2002년 엘리자베스 2세 여왕 즉위 50주년 기념행사에 맞춰 완공됨

■ 약 326억 원의 공사비가 투입되었으며 포스 앤 클라이드(Forth and Clyde) 운하와 유니언(Union) 운하의 고저 차는 24m, 폴커크 휠의 높이는 35m로 배뿐만 아니라 배가 뜬 물까지 같이 회전시켜 자리를 바꾸는 구조이며 보트를 4개씩 위 아래로 바꿀 수 있음

■ 600톤 중량의 거대한 구조물이지만 폴커크 휠의 1회 회전당 필요한 전력은 1.5W에 불과하며 회전에 소요되는 시간은 15분

■ 2014년까지 스코틀랜드에서 가장 인기 있는 관광명소 중 하나

■ 브리티시 워터웨이(British Waterways), 밀레니엄 커미션(Millennium Commission), 스코티시 엔터프라이즈(Scottish Enterprise) 등 다양한 기관에서 자원 조달

■ 스코틀랜드 중앙 벨트의 끝에서 끝으로 운하가 연결되어 사회적 가치가 상승했으며 4,000개의 직업이 생겨났고 운하 인프라를 통해 5억 8,000만 달러에 달하는 전반적인 발전 양상을 띰

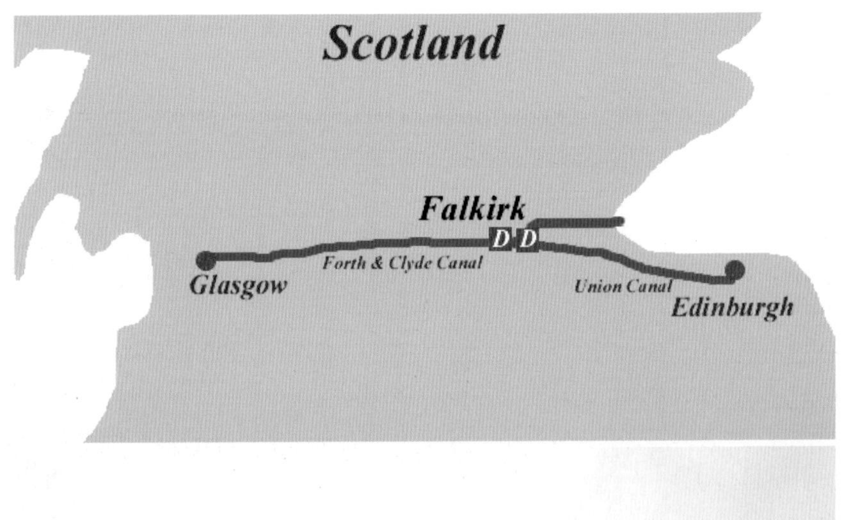
Scotland
Falkirk
D D
Glasgow
Forth & Clyde Canal
Union Canal
Edinburgh

Scottish
Canals

• 폴커크 휠 외관

14

애버딘

1. 애버딘 개황

1) 개요

면적	456.1km^2
인구	20만 명(2023년)
위치 (스코틀랜드 북동부)	
기후	연평균 최고기온 12°C, 최저기온 5.1°C이며 연평균 강수량 814.9mm

▣ 애버딘 시내 지도

▣ 주요 특징

- 스코틀랜드에서 에든버러, 글래스고 다음 세 번째로 큰 도시이며 북해 오일 및 가스 산업 관련 주요 산업기지로 북유럽, 노르웨이, 덴마크 국가와 왕래가 많음
- 7~8세기에 세워진 구도시로 12~14세기에 왕궁이 있었으며 영국 제3의 어시장이 개최되고 수산물과 화강암의 수출항으로 유명
- 전체 인구 20만 명 중 약 2만 명 정도가 학생이며 18세기 중반부터 20세기 건물까지 석조 건물에 쓰인 화강암으로 인하여 '화강암의 도시(The Granite City)'라 불림
- 1970년 북해에서 석유가 발견된 이후에는 '유럽의 석유 수도', '영국의 달라스'라는 별명이 붙기도 함
- 그램피언 고원지대(Grampian Highlands)에 둘러싸여 벌판의 중심부에 위치함

- 애버딘의 크레이지바성(Craigievar Castle)은 월트 디즈니의 상징적인 성의 실제 모델
- 2018년, '영국에서 사업하기 가장 좋은 최고의 도시'로 선정됨

▣ 약사

연도	역사 내용
750	작은 어촌으로 정착지 발전
1137	작은 항구와 시장이 들어섬에 따라 자연스럽게 발전
1179	윌리엄 1세로부터 헌장을 수여받음, 인구수 3,000명으로 성장
1308	독립 전쟁 당시 영국군에 포위당함
1336	에드워드 3세가 애버딘을 불태움
1350	흑사병이 창궐함
1450	애버딘의 인구가 4,000명으로 성장
1495	킹스 칼리지(Kings College) 설립
1644	왕당파와 장로교파의 군대에 약탈당함 왕립주의자 몬트로즈 장군 비인간적인 살육을 벌임
1647	기포성 페스트가 발발하여, 애버딘 인구의 4분의 1 사망
18C	타운홀이 건설됨, 네덜란드산 대리석 벽난로와 크리스털 샹들리에가 특징
1742	울맨힐(Woolmanhill)에서 사회 봉사 단체 창단
1779	루나틱 애실럼(Lunatic Asylum, 정신병원) 사회 봉사 단체 창단
1824	도시에 가스가 보급됨
1830	유니언 플레이스(Union Place) 저수지에서 물을 공급하기 시작함
1943	제2차 세계대전 당시 129개의 폭탄이 투하되어 125명이 사망함

▣ 문화 및 예술

- 애버딘은 행사과 페스티벌이 굉장히 많으며 그중에서 애버딘 국제 영 페스티벌(Aberdeen International Youth Festival)이 가장 유명함

  ※ 애버딘 국제 영 페스티벌: 애버딘에서 매년 개최하는 축제로, 젊은 예술가들을 위한 세계에서 가장 큰 아트 페스티벌

- 애버딘 학생 쇼(Aberdeen Students Show)는 1921년부터 꾸준히 개최되었으며 영국에서 진행되는 자선행사 중 가장 오래된 것으로 대학 및 학생들이 직접 참여하여 진행함

▣ 경제 활동

- 전통적으로 어업, 섬유 공장, 조선업이 발달했으나, 현재는 디자인 개발, 1차 산업 연구, 석유 산업이 애버딘의 경제를 이끌고 있음
- 특히 북해에서 발견된 원유로 인하여 석유 산업이 급속도로 발전했으며 관련 일자리가 약 4만 7,000개 있음
- 스코틀랜드 상위 10개 기업 중 5개가 애버딘을 기반으로 약 140억 파운드 이상의 매출액을 달성하고 있으며 취업률 77.9%로 영국 내 취업률 2위를 기록함

15

애버딘의 주요 명소

1. 세인트 마샤 교회

스코틀랜드 독립 전쟁 영웅 월리스가 묻힌 곳

- ▣ St Machar's Church. 1690년 이후 주교 자리가 없어 대성당이 아닌 일반 교회임
- ▣ 1305년 스코틀랜드의 독립영웅인 윌리엄 월리스가 처형된 후, 그의 시신은 절단되어 반대자들에 대한 경고로 전국 각지로 흩어졌는데, 그중 왼쪽 부위가 이 교회의 벽에 묻힘
- ▣ 14세기 교회의 좋은 예로, 타워 하우스 형식으로 건설된 2개의 타워가 대표적이며, 현재 탑을 장식하는 첨탑은 15세기에 추가됨
- ▣ 1987년 세인트 스테판 교회의 종인 에이어 앤드 스미스(Eayre & Smith)가 설치되었으며, 체인징 링잉(Changing Ringing)을 할 수 있는 스코틀랜드의 몇 안 되는 교회

※ 체인징 링잉: 종을 울릴 때 여러 사람이 줄을 잡아당겨 벨을 조정하는 것

• 세인트 마샤 교회 출처: www.shutterstock.com

2. 애버딘 킹스 칼리지

애버딘 역사의 첫 번째 대학

- ▣ King's College of Aberdeen. 애버딘의 첫 번째 대학이자, 스코틀랜드에서 세 번째로 지어진 대학
- ▣ 1494년 설립되었으며, 거대한 타워와 스코틀랜드에서 유일하게 남은 샤를마뉴(Charliemagne)의 석조 복제품이 특징
- ▣ 예배당에는 16세기 목조 천장이 보존되어 있으며 스튜어트 군주의 초상화가 있음
- ▣ 대학 내 동물원 박물관에서 원생 동물에서 고래까지 많은 동물들을 볼 수 있으며 크루이크 샴 식물원에는 고산 및 아열대 컬렉션, 다양한 식물원의 전시가 있음

• 애버딘 킹스 칼리지의 모습 출처: www.shutterstock.com

3. 브리그 오 발고니

중세시대 유일한 다리

- ▣ Brig o'Balgownie. 13세기경 지어진 다리로 돈(Don)강을 가로지르고 있음
- ▣ 리처드 세멘타리우스(Richard Cementarius)에 의해 13세기에 건축이 시작되었으나 스코틀랜드 독립 전쟁으로 인하여 1320년이 되어야 완성됨
- ▣ 이 다리는 전략적으로 중요한 가치를 지녔는데, 5세기 동안 많은 수의 군대를 한번에 애버딘셔의 동쪽으로 옮길 수 있는 유일한 길이었기 때문임
- ▣ 화강암과 사암으로 이루어져 있으며 단일 아치는 12m가 넘음
- ▣ 돈강에 새로운 다리가 지어지기 이전인 1830년까지 주요한 다리로 이용

• 브리그 오 발고니 출처: www.shutterstock.com

4. 두티 공원

이국적 열대 컬렉션과 겨울 정원이 유명한 공원

- ▣ Duthie Park. 엘리자베스 두티(Elizabeth Duthie)가 1881년 삼촌과 오빠를 기리기 위해 의회에 기부한 땅으로 18만m^2의 넓이를 자랑함
- ▣ 영국에서 각각 두 번째로 많은 브로멜리아드와 선인장이 있는 열대 컬렉션과 데이비드 웰치 겨울 정원이 유명함
- ▣ 1899년 문을 연 온실들은 1969년 폭풍 피해로 철거되었다가 재건되었으며 다양한 식물들을 가지고 있음
- ▣ 문화유산 복권 기금(Heritage Lottery Fund)과 애버딘 시의회가 제공한 자금 500만 파운드를 통해 재정비되었으며 2013년 6월 30일 재개장함

• 두티 공원 전경

출처: www.shutterstock.com

5. 발모랄성

영국 왕실의 여름 별장

- ▣ Balmoral Castle. 빅토리아 여왕의 남편인 앨버트 공이 사들인 사유지로 영국 왕실의 여름 별장
- ▣ 현재 260km²의 면적을 자랑하며 현재 50명의 정규 직원과 50~100명의 비정규 직원이 근무하고 있음
- ▣ 윌리엄 스미스(William Smith)가 건축을 담당했으며 스코틀랜드 건축물 카테고리 A등급으로 관리받고 있음
- ▣ 빅토리아 풍의 건축물이며 피퍼 포트 감시탑(Pepper Pot Turret)은 16세기 프랑스 샤토 양식의 영향을 받음
- ▣ 인근 마을에서 열리는 스포츠 이벤트인 브레이머 개더링(Bramer Gathering)이 유명함

• 발모랄성 외관 출처: www.shutterstock.com

16

기타 자료

1. 스코틀랜드 위스키 – 스코틀랜드를 대표하는 주류

1) 위스키의 역사

(1) 위스키의 어원

- 생명수를 의미하는 게일어(고대 아일랜드어) '우슈크 베하'가 변화한 '우스케보'에서 위스키로 바뀜

(2) 위스키의 시작

- 위스키는 수백 년간 스코틀랜드에서 생산되어 왔음
- 마셜 롭(Mr. J. Marshall Robb)은 저서 《스카치 위스키(Scotch Whisky)》에서 위스키라는 말이 1497년 스코틀랜드 재무부 공문에 나타났다고 함

(3) 위스키의 특미

- 스코틀랜드의 물과 발아된 보리, 호밀, 옥수수 등을 분쇄 후 발효시켜 이스트를 첨가해 2번의 증류 과정을 거쳐 오크 통 속에 3년 이상 숙성되고 알코올이 94.8%이하로 증류된 것을 말함
- 스카치 위스키 Act 1988: 모든 스카치 위스키는 최소 40°C 이상의 알코올을 포함하고 있어야 한다고 명시

(4) 위스키의 종류

- 원산지에 따른 분류

스카치 위스키	스코틀랜드에서만 증류 및 숙성된 위스키
아이리시 위스키	아일랜드에서만 증류 및 숙성된 위스키
버번 위스키	미국에서만 증류 및 숙성된 위스키
캐나다 위스키	미국과 캐나다에서 증류 및 숙성된 위스키

- 원료에 따른 두 가지 종류의 스카치 위스키

몰트 위스키	발아시킨 보리로 제조
그레인 위스키	발아시키지 않은 보리, 호밀, 옥수수 등으로 제조

- 블렌디드(Blended)와 싱글(Single) 스카치 위스키의 차이점

싱글 몰트	한 가지 맥아만으로 증류한 위스키
퓨어(베티드) 몰트	여러 가지 맥아로 증류한 위스키
블렌디드	몰트 위스키와 그레인 위스키를 혼합한 위스키 - 위스키의 95%를 차지

2) 위스키 산업

▣ 영국 세관이 발표한 수치와 스카치 위스키 협회에 따르면 스카치 위스키의 총수출액은 81억 달러로 전체 수출액 중 25%를 차지함

▣ 물량 기준으로 보면 지난해 스코틀랜드에서 출고된 물량은 12억 8,000병(700ml 기준)으로 전년 대비 3.6% 증가

▣ 단일 맥아(싱글몰트) 수출은 2023년 26억 달러를 기록했고, 스카치 위스키 블렌디드(혼합) 수출은 2023년 43억 달러를 기록

▣ 스카치 위스키 산업의 경제적 효과

- 영국에서 스카치 위스키 산업의 경제적 효과는 약 50억 파운드(약 8조 2,000억 원)로 철강·섬유·조선·컴퓨터를 합친 규모를 웃돌고 있다(《더 타임스》의 스카치위스키협회가 발행한 보고서 인용 보도)
- "스카치 위스키 산업이 육류·낙농업·맥주·청량음료 등 다른 식음료 산업과 비교해 영국 경제에 더 크게 기여하고 있다"면서 "스코틀랜드 식음료 시장의 4분의 3을 차지하고 있다"고 밝힘
- 총부가가치에서 스카치 위스키의 직접적인 경제적 효과는 33억 파운드
- 스카치 위스키 산업은 최근 4만 명 이상의 고용 효과를 내기도 했으며, 그 중 스코틀랜드에서만 1만 1,000명이 이 산업에 직접 종사

▣ 스카치 위스키와 관광 산업

- BBC 보도에 따르면 스카치 위스키 증류소의 방문자 수는 매년 증가하고 있으며, 2019년에 처음으로 200만 명 돌파(2010년에 비해 56% 증가)
- 스피사이드 지역 방문자 5명 중 3명은 증류소에 방문하고 있으며, 디아지오 등의 회사들은 방문자 기념품 개선에 힘쓰는 등 위스키 관광에 많은 투자를 하고 있음

출처: www.scotch-whisky.org.uk

▣ 세계 최고 판매 1~10위 위스키 판매브랜드(소스: Brand Champions 2019)

순위(2019)	제 품 명		전년도 순위
1	Johnnie Walker		1위
2	Ballantine's		2위
3	Grant's		3위
4	Chivas Regal		4위
5	Willam Lawson's		6위
6	J & B		5위
7	William Peel		7위
8	Dewar's		8위
9	Black & White		10위
10	Label 5		9위

출처: 주류 통계 및 위스키 통계 사이트 인용

2. 스코틀랜드 골프 – 스코틀랜드에서 탄생한 스포츠

1) 개요

▣ '골프(Golf)'란 스코틀랜드의 오래된 언어로 '치다'인 '고프(Gouft)'가 어원이며 스코틀랜드 자체가 자연적으로 지형의 기복이 많은 초원과 멋진 잔디와 잡목이 우거진 작은 언덕이 많아 골프장으로는 적격인 곳임(2015년 기준 약 552개의 골프장 보유)

▣ 스코틀랜드의 해안 세인트 앤드루스 지역의 링크스라고 불리는 올드 코스가 골프의 탄생지 임. 올드 코스에서는 5년마다 세계 4대 메이저 골프 대회 중 하나인 디 오픈 대회(The Open Championship)가 열림

2) 역사

▣ 골프의 기원은 스코틀랜드 지방에서 양을 기르던 목동들이 끝이 구부러진 나뭇가지로 돌멩이를 날리는 민속놀이가 구기로 발전했다는 설과 서기전 네덜란드에서 어린이들이 실내에서 즐겨하던 콜프(kolf)라는 경기에서 비롯되었다는 설이 있으며, 또한 네덜란드의 콜벤이라는 오늘날의 크리켓이나 아이스하키와 비슷한 구기가 14세기경 바다를 건너 스코틀랜드에 전래되었다는 설도 있음

▣ 골프에 관해 발견된 기록에 의하면 1744년 스코틀랜드에서 지금의 에든버러골프인협회의 전신인 신사골프협회가 조직되어 경기를 한 것이 골프 클럽과 경기 대회의 시초이며 처음에는 실버클럽대회라 하여 실물 크기로 만든 은제 트로피를 만들어 쟁탈전을 벌였으며 협회의 의사록에는 13개조로 된 세계 최초의 골프 규칙이 기재되어 있으며 이것이 현행 골프 규칙의 기반이 되었고 이후 스코틀랜드·잉글랜드 각지에 골프클럽이 만들어졌으며, 또한 선수권 대회 형식의 경기도 시작 되었다고 함

▣ 스코틀랜드의 세인트앤드루스에는 세계에서 가장 오래된 것으로 여겨지는 코스(올드 코스)에서 1754년 5월 14일 22명이 모여 '더 소사이어티 오브 세인

트 앤드루스 골퍼즈'를 결성했으며 경기 규칙의 제정, 핸디캡의 통일, 선수권 대회의 개최 및 운영을 담당. 이를 계기로 이 클럽이 영국 골프계를 통할하게 되었고 여성 골프 클럽은 1872년 세인트 앤드루스에서 조직됨

▣ 1860년 처음 제1회 영국 오픈 선수권 대회가 열렸으며, 1885년에는 전영 아마추어 선수권 대회가 시작되었음. 19세기 후반에 영국에서 신대륙으로 건너가 1873년 캐나다에 아메리카 대륙 최초로 로열몬트리올골프클럽이 창설되었고, 1887년 미국 최초의 클럽과 코스를 자랑하는 폭스버그골프클럽이 발족된 이후 미국의 골프는 20세기부터 영국을 능가하게 됨

3) 국가별 골프장

국가	골프장수	비율(%)	국가	골프장수	비율(%)
미국	15,372	45%	스웨덴	491	1%
일본	2,383	7%	중국	473	1%
캐나다	2,363	7%	아일랜드	472	1%
영국	2,084	6%	스페인	437	1%
호주	1,628	5%	뉴질랜드	417	1%
독일	747	2%	아르헨티나	319	1%
프랑스	648	2%	이탈리아	285	1%
스코틀랜드	552	2%	인도	270	1%
한국	540	2%	기타	4,110	12%
남아프리카	512	2%			
			합계	34,011	

출처: 각 나라 골프장 데이터 인용

4) 골프 대회

▣ 디 오픈

디 오픈 챔피언십(The Open Championship)은 골프의 세계 4대 메이저 대회의 하나이며 영국의 골프 경기 단체 R & A(Royal and Ancient Golf Club) 주최로 매년 7월 중순에 개최되는 골프 내회. 4대 베이서 대회 가운데 가상 역

사와 권위 있는 대회로 일반적으로 브리티시 오픈(British Open) 또는 디 오픈(The Open)이라고도 함

※ 스코틀랜드에서 5개와 잉글랜드에서 4개로 9개의 링크스 코스에서 돌아가며 개최하며 세인트앤드루스 올드코스는 예외로 5년마다 열리도록 규정되어 지난 2015년까지 29번이나 개최함(2020년 7월 14일~7월 18일)

• 2022년 150회 디 오픈 대회의 시합 풍경

• 2022년 150회 디 오픈 대회에 참가한 타이거 우즈 선수

▣ 워커 컵(Walker cup)과 커티스 컵(Curtis cup): 아마추어 선수권 대회, 영국, 아일랜드 미국 등 참여

▣ Ryder Cup: 프로 선수권 대회로 유럽, 미국가 참여

5) 골프 기관

▣ R & A(The Royal & Ancient Golf Club)

- 세인트 앤드루스에 위치하며, 세계 전지역의 골프 규정을 관리, 감독하는 기관으로 영국 골프 및 오픈 선수권 대회, 유럽 선수권 대회 등을 주관하는 국제 골프를 대표하는 기구
- R & A는 1897년 영국 골프를 선도해 온 클럽으로서 정부로부터 골프 규정을 제정, 관리하는 기관으로 인정받은 이래 80개 이상의 국제회원을 가진 골프연합회임
- 1919년 이후 영국 및 세계 오픈 및 아마추어 선수권을(청년/소년부 포함) 관장하는 주요 국제기구임
- 회원권은 1,800개로 제한되어 있음

· 1,050개 영국 및 아일랜드공화국 거주자/750개-해외 거주자

▣ 영국골프협회(The Ladie's Golf Club): 아마추어 남성 골프를 주관하며 R & A와의 공조 체제 하에 잉글랜드, 스코틀랜드, 웨일스, 아일랜드 골프협회가 각각 공존함

▣ 여성골프협회(The Ladie's Golf Union): 여성 아마추어 골프 선수권 주관

▣ 프로골프협회(Professional Golfer's Association): 클럽 프로 골프 주관, 여성골프협회가 별도 있음

▣ 유럽 프로골프투어(PGA European Tour): 프로 토너먼트 경기 주관

6) 스코틀랜드 유명 골프 선수

▣ 닉 팔도(Nick Paldo), 이언 우드넘(Ian Woodnam), 콜린 몽고메리(Colin Montgomerie) 등

3. 스코틀랜드의 아름다운 중세 성 – 꼭 가 봐야 할 중세 성 4곳

▣ 스코틀랜드에는 16km마다 하나씩 총 3,000개 이상의 성이 있으며, 스코틀랜드의 광활한 자연과 어우러진 모습으로 유명 영화나 드라마의 촬영지로 자주 이용됨

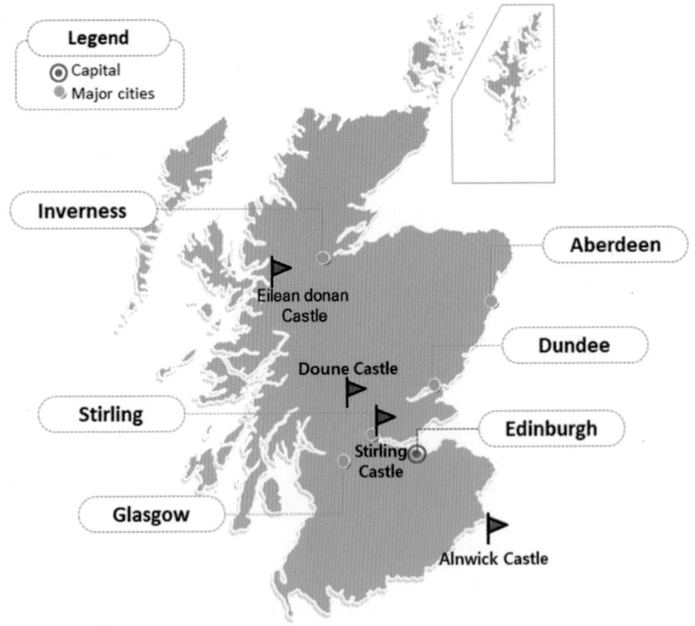

1) 〈브레이브 하트〉의 배경 스털링성

▣ 스털링성은 전략적으로 가장 중요한 가치를 가진 성으로, 영국에 저항한 스코틀랜드 역사에서 빠질 수 없는 유적지

▣ 영화 〈브레이브 하트〉의 배경이 된 스코틀랜드 독립 전쟁에서 국민 영웅 윌리엄 윌리스의 군대가 끝까지 항쟁한 곳

▣ 르네상스 건축 양식이며 3면이 모두 절벽 위에 위치함

▣ 15세기 이후에는 스코틀랜드의 왕 제임스 4세에 의해 궁전으로 탈바꿈되기도 했으며, 1543년 메리 여왕의 대관식이 거행됨

출처: CNN

2) 007 영화 촬영지 에일린 도난성

- ▣ 1230년 스코틀랜드의 왕 알렉산더 2세가 두이치 호수와 알시 호수, 롱 호수가 만나는 교차로에 데인족의 침략 방어를 위해 건설함
- ▣ 훗날 여러 전투를 거치다 함락된 성은 결국 버려졌고, 약 200년간 방치돼 온 성은 이곳의 주인이었던 매켄지 가문을 섬긴 매크레이가의 손자에 의해 20세기 초반에 복원됨
- ▣ 호수로 둘러싸인 돌 섬 위에 서 있는 입지, 주변 산세의 풍경이 더해져 하이랜드는 물론 스코틀랜드에서도 손꼽히는 아름다움을 자랑하며 '007 시리즈'는 물론 수많은 영화의 촬영지로도 유명

출처: www.shutterstock.com

3) 호그와트 마법학교 애니크성

▣ 해리 포터 시리즈 초기에 등장한 호그와트 마법학교로 바로니얼 양식으로 건축됨

▣ 1096년 처음 건설되었으며, 1309년부터 현재까지 노섬벌랜드의 백작과 공작 가문인 퍼시 가문 소유임

▣ 다양한 영화 및 드라마의 배경이 되었으며, 해리 포터의 퀴디치 연습장 배경이기도 함. 해리 포터 이후, 브룸스틱 트레이닝(Broomstick Training)이라는 빗자루 타고 나는 행사가 매일 진행중(입장료는 성인 1인당 현장구매가 16파운드)

▣ 엄밀히 말하면, 애니크성이 자리한 노섬벌랜드는 잉글랜드의 영토지만 스코틀랜드와 국경이 이어져 접근이 쉬워 반나절 나들이를 위해, 혹은 성의 명성을 확인하기 위해 찾는 여행자들이 많음

출처: www.shutterstock.com

4) 미드 〈왕좌의 게임〉 배경지 던성

- ▣ 미국 드라마 〈왕좌의 게임〉을 필두로 〈아웃랜더〉, 영화 〈아이반호〉 등의 배경이 됨
- ▣ 13세기에 지어진 것으로 추정되며, 스코틀랜드 독립 전쟁을 거쳐 14세기 후반에 현재의 형태로 재건됨
- ▣ 스코틀랜드 중부의 스털링 지역에 있는 던(Doune) 마을 근처에 위치하며, 던 마을이 전략적 요충지였지만, 매우 작은 동네로 스크린에서 묘사된 이미지에 비해 소박한 모습

출처: hollywood reporter

4. 스코티시 킬트 – 킬트와 클랜(씨족) 문화

1) 스코티시 킬트의 역사

▣ 영화 〈브레이브 하트〉가 묘사한 것과는 달리 스코틀랜드인이 언제나 킬트를 입었던 것은 아니며 오히려 19세기에 스코틀랜드 민족의상으로 추대되기 직전까지 이를 향한 상반된 시선이 존재했음

▣ 스코틀랜드 남부 롤랜즈 지역 사람은 맨발에 킬트를 착용한 하이랜드 지역 사람을 '붉은발 도요새'라고 부르며 야만적으로 여기는 경향이 있었고, 반면 북부 하이랜드 지역 사람은 롤랜즈 지역의 남자가 입는 바지를 남자답지 못하다고 생각함

▣ 1745년 일어난 자코바이트 반란 이후 킬트 착용이 법적으로 금지되기도 함. 18세기 후반 법안이 철회될 때까지 킬트 착용자는 징역 6개월 형을 선고받았고 재범은 7년간 식민지로 유배되었음

▣ 킬트가 지위를 되찾은 시기는 1822년, 통합 영국의 집권 군주 조지 4세가 스코틀랜드를 처음 방문했을 때였으며, 그는 낭만주의 작가인 월터 스콧(Walter Scott) 경의 영향을 받아 킬트를 입었는데, 함께 착용한 살색 타이츠는 하이랜드 지역의 관습에서 따온 것이었음

▣ 타탄체크 패턴은 19세기 초반 탄생했고 그 무렵부터 새로운 디자인이 봇물처럼 쏟아짐. 오늘날 스코틀랜드 타탄 등기소(tartanregister.gov.uk)에는 수천 종의 패턴이 등재되어 있음. 하이네켄과 도미노 피자의 로고 디자인에 쓰인 패턴도 그중 하나. 조상 중에 스코틀랜드 사람은 없지만 킬트를 1벌 갖고 싶다면, 블랙 워치(Black Watch)나 스코틀랜드의 꽃(Flower of Scotland) 같은 범용 타탄체크를 사용하면 됨. 사진 속의 '스튜어트 헌팅(Stweart Hunting)' 타탄체크는 스튜어트 왕실의 무늬지만 이 역시 누구나 입을 수 있음(출처: shga.co.uk)

• 스튜어트 헌팅 타탄 체크

2) 킬트와 클랜 문화

▣ 스코틀랜드에서는 중세시대부터 클랜(씨족) 문화가 발달함. 대표적인 씨족이 캠벨 클랜이며, 맥도널드 클랜 또한 유명함

▣ Mac으로 시작하는 클랜이 많으며, Mac이라는 글자가 들어가면 대부분 스코티시나 아이리시 조상임

▣ 클랜마다 입는 치마의 고유한 타탄체크 무늬가 있음

■ 스코틀랜드 클랜 가문의 문장에는 각 클랜의 모토가 적혀 있음

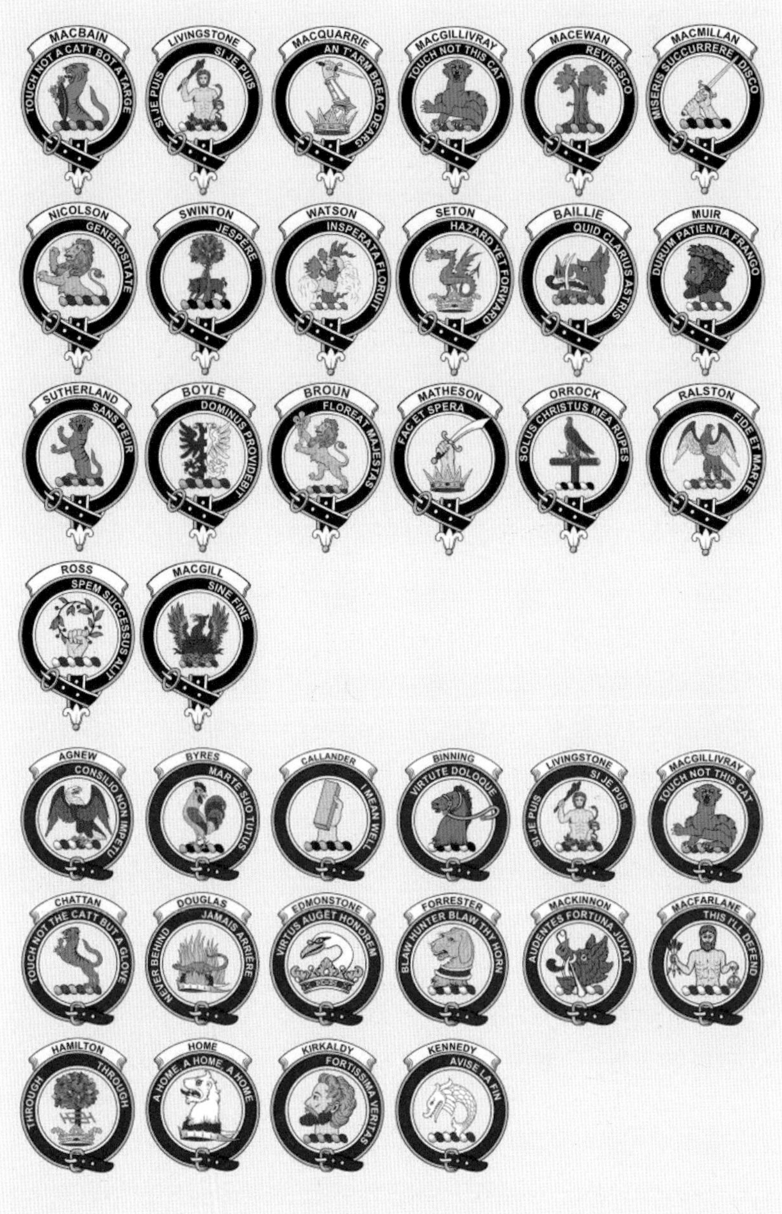

3) 스코티시 킬트의 특징

▣ 스코티시 킬트의 디테일

- 스포란(Sporran)은 킬트보다 더 오래됨. 이 중세 스타일의 파우치는 전통 킬트에 없는 주머니 대용으로 쓰며, 바람이 부는 날 킬트가 나부끼지 않도록 무게를 잡아 주는 역할을 함
- 일반적인 체형의 남성을 위한 킬트에는 길이 7.3m, 너비 28인치의 옷감을 사용. 쓸 만한 제품을 사려면 최소 300파운드는 필요하며 스키언 두(Sgian Dubh)나 스포란 같은 액세서리는 별도 구입
- 전통에 따르자면 킬트 안에는 아무것도 입지 말아야 하며, 전통을 옹호하는 측은 킬트의 두터운 소재가 적절한 보온을 제공한다고 주장함. 물론 킬트 대여 업체는 손님에게 속옷 착용을 권하며 '스코틀랜드 댄싱'이나 '하이랜드 게임스' 같은 행사의 주최측도 마찬가지
- 스키언 두는 긴 양말 안에 착용하는 외날 단검. 이는 '민족 의상' 킬트의 요소 중 하나로 공격 무기 휴대를 규제하는 영국 법을 적용받지 않음

▣ 킬트를 만나는 몇 가지 방법

- 하이랜드 인버네스의 하이랜드 하우스 오브 프레이저(Highland House of Fraser)에서는 한 무리의 킬트 제작자가 바느질을 하고 주름을 잡으며 타탄 체크를 찍어 내는 모습을 볼 수 있음(출처: highlandhouseoffraser.com)
- 에든버러에서 21세기식 맞춤형 킬트를 주문할 수 있음. 전통 소재뿐 아니라 가죽이나 데님을 선택할 수도 있으며, 핀스트라이프나 카모플라주 프린트를 넣는 것도 가능(출처: 21stcenturykilts.com)
- 매해 8월 하이랜드 오반에서 열리는 아가일셔 개더링(Argyllshire Gathering)에서는 백파이프 연주부터 줄다리기, 나무토막 던지기까지, 킬트를 입고 펼치는 온갖 활동을 볼 수 있음

5. 백파이프 – 스코틀랜드의 전통 대표 악기

1) 개요

▣ 가죽으로 만든 공기주머니와 몇 개의 리드가 달린 관으로 된 기명 악기

▣ 스코틀랜드의 민속 악기로 알려져 있지만 중동 및 중앙아시아에서 유래되었으며 유럽부터 북아프리카 등 널리 퍼져 있는 악기로 그리스를 중심으로 한 발칸반도 지방에서도 많이 사용됨

▣ 호쾌하고 시끄러운 음색 등의 특징들이 태평소와 연관성이 많아서 2008년 퀘벡 세계군악대회에서 태평소와 백파이프가 함께 〈어메이징 그레이스〉를 연주하기도 함

▣ 공기주머니에 공기를 불어 넣어 주머니에 달린 관을 울리게 해 소리를 내고 1~2개의 챈터라고 하는 리드가 달린 지관(指管:손가락으로 누르는 관)이 선율을 연주하고 나머지 2, 3개의 드로운(低音)관이 주음·속음을 계속 내어 폐로 부는 것보다 더 오래 소리를 낼 수 있고 높은 음은 멀리까지 퍼져 나감

▣ 백파이프를 연주할 때 나는 소리가 무려 122데시벨(db)로 매우 커서 야외 행사에서도 주로 한 명이 연주함(확성기 소리 80db, 기차 소리 100db, 비행기 이륙 120db)

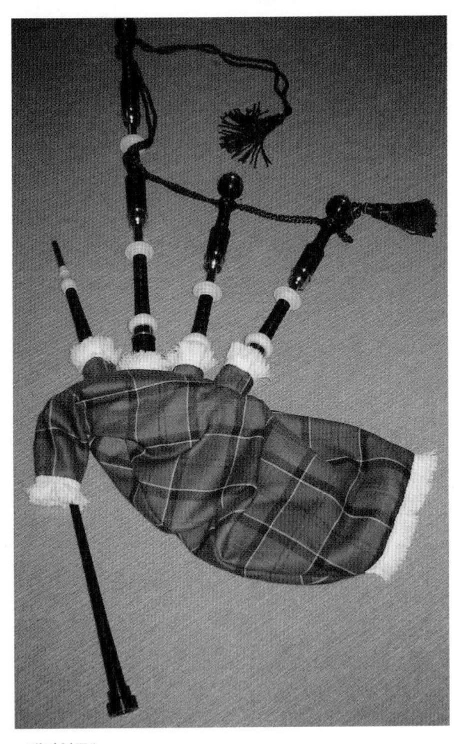

• 백파이프*

2) 백파이프의 역사

• 백파이프 연주자 출처: maxpixels.net

▣ 스코틀랜드에서는 1400년경 처음 등장했고 이전에는 13세기 스페인 예술 작품에서 나타남. 스코틀랜드에서 백파이프는 군사적인 목적으로 많이 사용되었으며, 스코틀랜드 독립전쟁인 배녹번 전투에서 군사들의 사기를 고취시키며 그들만의 전통으로 자리 잡게 됨

▣ 영국으로 병합된 이후에도 영국군의 이집트 원정, 보어 전투, 2차대전 및 한국전쟁에서도 스코티시 연대가 있는 곳에는 항상 백파이프 소리가 울렸다고 함

▣ 연합군의 일원으로 참가했던 노르망디 상륙작전에서 빗발치는 총탄 속에서도 아랑곳없이 행진하는 이들을 본 서유럽인들에게 깊은 인상을 심어 주어 "영국군은 백파이프 소리와 함께 나타난다"는 말이 생겨남

6. 〈올드 랭 사인(작별의 노래)〉 – 널리 퍼진 스코틀랜드 민요

- 〈올드 랭 사인(Auld Lang Syne, 작별)〉은 스코틀랜드의 가곡이자 작자가 확실한 신민요. 스코틀랜드 시인인 로버트 번스(Robert Burns)가 1788년에 어떤 노인이 부르던 노래를 기록하고, 그것을 가지고 지은 시를 가사로 하여 윌리엄 실드(William Shield)가 작곡한 곡이며 영미권에서는 묵은 해를 보내고 새해를 맞으면서 부르는 축가로 쓰임
- 〈올드 랭 사인〉은 스코트어로 '오랜 옛날부터(영어: old long since)'라는 뜻. 영화 〈애수〉(원제는 Waterloo Bridge)'의 주제곡으로도 쓰임
- '석별의 정'으로도 알려져 있음
- 스카이의 뱃노래, 로크 로몬드와 함께 가장 널리 불리는 스코틀랜드 신민요 겸 가곡. 국가로 채택하자는 의견도 있지만, 다른 비공식 국가(〈스코틀랜드의 꽃〉, 〈용감한 스코틀랜드〉, 〈스코츠 워 헤이〉 등)와는 달리 민족 감정을 자극하는 내용이 전혀 없기 때문에 큰 지지를 받지는 못하고 있음
- 대한민국에서는 외세의 침략으로 나라가 위기에 처해 있던 1907년 즈음, 조국애와 충성심 그리고 자주 의식을 북돋기 위해 대한민국 애국가의 노랫말이 완성되었고 그 직후 〈올드 랭 사인〉의 곡조를 붙여 민중들에게 널리 불림. 1919년 3월 1일, 3·1 운동 때 한반도의 민중들도 〈올드 랭 사인〉의 멜로디를 라디오로 들르며 애국가를 부른 것. 안익태가 후에 애국가에 외국 곡조의 노래를 부르는 것을 안타깝게 여겨 1935년 현재의 애국가 곡을 작곡했고, 1948년 대통령령에 따라 안익태가 작곡한 〈한국 환상곡〉이 애국가의 멜로디로 정해지기 전까지는 〈올드 랭 사인〉이 애국가의 멜로디로 사용되었음. 1953년에 영화 〈애수〉가 상영되면서 이 노래가 다시 소개되었고, 시인 강소천이 한국어 번역 가사를 붙임. 이후 졸업식에서 환송곡으로 많이 불림
- 2000년대에 들어서는 가수 김장훈이 〈올드 랭 사인〉 곡조에 애국가 가사를 붙인 속칭 〈독립군 애국가〉를 2012년 하계 올림픽 응원가로 리메이크하여 발표함

올드 랭 사인(작별) 가사

1절

Should auld acquaintance be forgot, and never brought to mind ?

Should auld acquaintance be forgot, and auld lang syne?

(후렴)

For auld lang syne, my dear, for auld lang syne,

we'll take a cup o' kindness yet, for auld lang syne.

2절

And surely ye'll be your pint-stowp! and surely I'll be mine!

And we'll tak a cup o' kindness yet, for auld lang syne.

3절

We twa hae run about the braes, and pu'd the gowans fine

But we've wander'd mony a weary fit, sin auld lang syne.

4절

We twa hae paidl'd i' the burn, frae morning sun till dine

But seas between us braid hae roar'd sin auld lang syne.

5절

And there's a hand, my trusty fiere! and gie's a hand o' thine!

And we'll tak a right gude-willy waught, for auld lang syne.

(한국어로 번역된 가사)

1절

오랫동안 사귀었던 정든 내 친구여, 작별이란 웬 말인가 가야만 하는가

어디 간들 잊으리오 두터운 우리 정, 다시 만날 그날 위해 노래를 부르네

2절

잘 가시오 잘 있으오 축배를 든 손에, 석별의 정 잊지 못해 눈물만 흘리네

이 자리를 이 마음을 길이 간직하고, 다시 만날 그날 위해 노랠 부르자

17

참고 문헌 및 자료

국토연구원, 세계도시정보

나인수, (2017) 글래스고 수변중심 도시 재생. 건축 제61권 제01호 2017.1월호

SH공사 도시연구소, (2012) 유럽도시 선진주거단지 및 도시 재생 사례연구

KIEP, (2019.2) 최근 브렉시트 협상 전개과정과 한국에 미치는 영향

Andrea Colantonio and Tim Dixon. (2011) Urban Regeneration & Social Sustainability Best practice from Europe Cities,

Antoni Remesar, (2016), The Art of Urban Design in Urban Regeneration, Universitat de Barcelona

Elsevier (2011), The importance of context and path dependency,

John Shearman. Only Connect Art and the Spectator in the Italian Renaissance. Princeton University Press

PWC(2018) Emerging Trends in Real Estate Reshaping the future Europe

Ráhel Czirják, László Gere (2017) The relationship between the European urban development documents and the 2050 visions

Randy Shaw. Generation priced Out. University of California Press

Richard Senett. Building and Dwelling. Farrar, Straus and Giroux

De Gregorio Hurtado, S. (2012). Urban Policies of the EU from the perspective of Collaborative Planning. The URBAN and URBAN II Community Initiatives in Spain. PhD Thesis.Universidad Politécnica de Madrid.

De Gregorio Hurtado, S. (2017): "A critical approach to EU urban policy from the viewpoint of gender", en Journal of Research on Gender Studies, 7(2), pp. 200~217.

De Luca, S. (2016). "Politiche europee e città stato dell'arte e prospettive future", in Working papers. Rivista online di Urban@it, 2/2016. Accesible en: http://www.urbanit.it/wp-content/uploads/2016/10/6_BP_De_Luca_S.pdf(last accessed 5/9/2017).

European Commission (2008). Fostering the urban dimensión. Analysis of the operational programmes co-financed by the European Regional Development Fund (2007~2013). Working document of the Directorate-General for Regional Policy.

Informal meeting of EU Ministers on urban development (2007): Leipzig Charter. Available in: http://ec.europa.eu/regional_policy/archive/themes/urban/leipzig_charter.pdf (last-accessed: 2/9/2017

Urban regeneration in the EU, Territory of Research on Settlements and Environment International Journal Of Urban Planning, 2017. 6

http://www.globalpropertyguide.com/

http://www.oecd.org/sdd/cities

http://www.skyscrapercenter.com/

https://graylinegroup.com/urbanization-catalyst-overview/

https://ubin.krihs.re.kr/ubin/index.php

https://uli.org/

https://www.nestpick.com/millennial-city-ranking-2018/

https://www.ierek.com/events/urban-regeneration-sustainability-2#conferencetopics

http://ec.europa.eu/regional_policy/en/policy/themes/urban-development/

http://www.urbact.eu/urbact-glance
https://ec.europa.eu/futurium/en/urban-agenda
http://urbact.eu/integrated-urban-development#
http://www.theglasgowstory.com
http://investglasgow.com/about-us/publications/
http://www.edinburgh.gov.uk/info/20013/planning_and_building/66/edinburgh_local_development_plan
http://www.edinburgh.gov.uk/info/20182/regeneration
http://www.edinburgh-history.co.uk/edinburgh-city-history.html
http://www.princes-street.com/maps-princes-street.html
http://www.thelighthouse.co.uk/visit/exhibition/architecture-fringe
https://consultationhub.edinburgh.gov.uk/sfc/meadowbank-masterplan/
https://edinburghcouncil.maps.arcgis.com/apps/webappviewer/index.html?id=d1e3d872be424df5b-89469de72bb03bd
https://en.wikipedia.org
https://girlvsglobe.com/12-magical-places-scottish-highlands/
https://glasgowgis.maps.arcgis.com/apps/MapSeries/index.html?appid=a36a578f5c75489fb5134fa4fe-c138aa
https://independenttravelcats.com/cafes-where-jk-rowling-wrote-harry-potter-in-edinburgh/
https://ukmap.co/glasgow-style-mile-map/
https://www.crmsociety.com/
https://www.glasgow.gov.uk/developmentplan
https://www.glasgow.gov.uk/home
https://www.glasgow.gov.uk/regeneration
https://www.glasgowcitycentrestrategy.com/category/st-enoch
https://www.glasgowcitycentrestrategy.com/city-centre-districts
https://www.glasgowlife.org.uk/museums/venues/peoples-palace
https://www.glasgowlive.co.uk/whats-on/food-drink-news/
https://www.highlandtitles.com/scottish-clans-and-families/#tartans
https://www.mackintoshatthewillow.com/tearooms/reservations/
https://www.planetware.com/tourist-attractions-/st-andrews-sco-f-stand.htlm
https://www.ranker.com/list/most-beautiful-castles-in-scotland/
https://www.scotland.org/business/growth-sectors
https://www.scottishcanals.co.uk/activities/boating/forth-clyde-union-canals/
https://www.scottishcanals.co.uk/falkirk-wheel/
https://www.sec.co.uk/organise-an-event/capacities-dimensions
https://www.standrews.com/Play/Courses/Old-Course/
https://www.standrews.com/shop/new-in
https://www.theglasgowstory.com/
https://www.thepipingcentre.co.uk/

https://www.transport.gov.scot/publication/transporting-scotland-s-trade/3-scotland-s-trade-2/

www.planetware.com/scotland/top-rated-attractions-things-to-do-in-fort-william-sco-1-7.htm

City of Edinburgh Council, (2011). The Edinburgh Union Canal Strategy.

City of Edinburgh Council, (2013) Royal Mile Action Plan 2013~2018

City of Edinburgh Council, (2018) Edinburgh City Plan 2030,

Clydwplan (2014.12) Case Studies Waterfront Regeneration, City of Edin

Glasgow City Council (2019.01) Invest-Glasgow-Development-MapFinal

Phil Jones and James Evans. (2008) Urban_Regeneration_in_the_UK_Theory_and_Practiceburgh Council, Clyde_Waterfront_PLAN2017.

Edinburgh Council (2009) Case Studies Waterfront Regeneration,

Glasgow City Council Glasgow Development Plan Scheme 2019~2020,

The lake district. The Lake District Cumbria 2018 Introduction,

www.edinburgh.gov.uk

www.edintattoo.co.uk

www.edfringe.com

www.edinburghcastle.scot

www.introducingedinburgh.com

stgilescathedral.org.uk

www.scotchwhiskyexperience.co.uk

www.edinburghmuseums.org.uk

www.realmarykingsclose.com

www.contini.com

www.dynamicearth.co.uk

www.camera-obscura.co.uk

www.rct.uk

www.roccofortehotels.com

firstminister.gov.scot

www.historic-uk.com

greyfriarskirk.com

www.nts.org.uk

www.nms.ac.uk

www.usherhall.co.uk

www.nationalgalleries.org

elephanthouse.biz

themeadowsofedinburgh.co.uk

www.glamis-castle.co.uk

www.rosslynchapel.com

www.glasgowlife.org.uk

oran-mor.co.uk

www.gla.ac.uk

www.glasgowcathedral.org

visit-glasgow.info

www.princessquare.co.uk

buchanangalleries.co.uk

www.st-enoch.com

www.clydewaterfront.com

www.glasgowlife.org.uk

www.sec.co.uk

www.thessehydro.com

www.bbc.co.uk

www.glasgowsciencecentre.org

www.thelighthouse.co.uk

www.gsa.ac.uk

www.willowtearooms.co.uk

www.houseforanartlover.co.uk

www.crmsociety.com

www.glasgowbotanicgardens.com

www.gla.ac.uk

www.thepipingcentre.co.uk

www.glasgow.gov.uk

thecathedral.org.uk

www.glasgownecropolis.org

www.stirling.gov.uk

www.stirlingcastle.scot

www.nationalwallacemonument.com

www.smithartgalleryandmuseum.co.uk

www.holyrude.org

www.dundeecity.gov.uk

www.vam.ac.uk

www.rrsdiscovery.com

www.dundee.com

www.saintpaulscathedral.net

www.fdca.org.uk

www.standrews.com

www.st-andrews.ac.uk

cathedral.org.sg

www.britishgolfmuseum.co.uk

highland.gov.uk

www.highlandexplorertours.com
www.eileandonancastle.com
www.dufftown.co.uk
www.glenfiddich.com
www.pitlochry.org
www.highlandperthshire.com
www.walkhighlands.co.uk
www.thehelix.co.uk
www.scottishcanals.co.uk
www.stmachar.com
www.abdn.ac.uk
www.aberdeencity.gov.uk
www.balmoralcastle.com
www.thescotlandkiltcompany.co.uk
www.highlandtitles.com